Ae 21世纪新概念
全能实战规划教材

U0180737

中|文|版
After Effects
2020 基础
教程

凤凰高新教育◎编著

北京大学出版社
PEKING UNIVERSITY PRESS

内 容 提 要

　　After　Effects是由美国Adobe公司推出的一款影视编辑软件,其特效功能非常强大,适用于电视栏目包装、影视广告制作、三维动画合成及电视剧特效合成等领域。在After Effects 2020中,不仅继承了前期版本的优秀功能,还增加了许多非常实用的新功能。

　　本书以案例为引导,系统并全面地讲解了After Effects 2020视频处理与制作的相关功能及技能应用。内容包括After Effects 2020的入门操作,添加与管理素材,图层的操作及应用,蒙版工具与动画制作,文字特效动画的创建及应用,创建与制作动画,常用视频效果设计与制作,图像色彩调整与抠像,三维空间效果,视频的渲染与输出等内容。在本书最后一章还安排了商业案例实训内容,以提升读者的After Effects 2020视频编辑与制作的综合实战技能水平。

　　全书内容安排由浅入深,案例题材丰富多样,操作步骤讲解清晰准确。特别适合广大职业院校及计算机培训学校作为相关专业的教学用书,同时也适合作为广大After Effects初学者、视频编辑爱好者的学习参考书。

图书在版编目(CIP)数据

中文版After Effects 2020基础教程 / 凤凰高新教育编著. — 北京 : 北京大学出版社,2022.4
ISBN 978-7-301-32862-0

Ⅰ. ①中… Ⅱ. ①凤… Ⅲ. ①图像处理软件—教材 Ⅳ. ①TP391.413

中国版本图书馆CIP数据核字(2022)第024826号

书　　　　名	**中文版After Effects 2020基础教程**	
	ZHONGWENBAN AFTER EFFECTS 2020 JICHU JIAOCHENG	
著作责任者	凤凰高新教育 编著	
责 任 编 辑	王继伟　刘　云	
标 准 书 号	ISBN 978-7-301-32862-0	
出 版 发 行	北京大学出版社	
地　　　　址	北京市海淀区成府路205 号　100871	
网　　　　址	http://www. pup. cn　　　　新浪微博: @ 北京大学出版社	
电 子 信 箱	pup7@ pup. cn	
电　　　　话	邮购部 010-62752015　发行部 010-62750672　编辑部 010-62570390	
印 　刷 　者	北京市科星印刷有限责任公司	
经 销 者	新华书店	
	787毫米×1092毫米　16开本　23.25印张　546千字	
	2022年4月第1版　2022年4月第1次印刷	
印　　　　数	1-4000册	
定　　　　价	69.00元	

PREFACE 前 言

After Effects 是优秀的视频特效处理软件，适用于从事设计和视频特效的机构，包括电视台、动画制作公司、个人后期制作工作室及多媒体工作室。在新兴的用户群（如网页设计师和图形设计师）中，也开始有越来越多的人在使用 After Effects。After Effects 2020 不仅继承了前期版本的优秀功能，还增加了许多非常实用的新功能。

本书特色

本书以案例为引导，系统并全面地讲解了 After Effects 2020 视频编辑与制作的相关功能及技能应用。

全书内容安排由浅入深，语言写作通俗易懂，案例题材丰富多样，每个操作步骤的介绍都清晰准确。特别适合广大职业院校及计算机培训学校作为相关专业的教材用书，同时也适合作为广大 After Effects 初学者、视频编辑爱好者的学习参考书。

内容全面，轻松易学。 本书内容翔实，系统全面。在写作方式上，采用"步骤讲述＋配图说明"的方式进行编写，操作简单明了，浅显易懂。本书配有书中所有案例的素材文件与最终效果文件，同时还配有与书中内容同步讲解的多媒体教学视频，让读者像看电视一样，轻松学会 After Effects 2020 的视频编辑与制作。

案例丰富，实用性强。 全书安排了 23 个"课堂范例"，帮助初学者认识和掌握相关工具、命令的实战应用；安排了 35 个"课堂问答"，帮助初学者解答学习过程中的疑难问题；安排了 10 个"上机实战"和 10 个"同步训练"的综合案例，提升初学者的实战技能水平；并且每章后面都安排有"知识能力测试"的习题，认真完成这些测试习题，有助于初学者对知识技能的巩固（提示：相关习题答案可以通过网盘下载，方法将在后面进行介绍）。

本书知识结构图

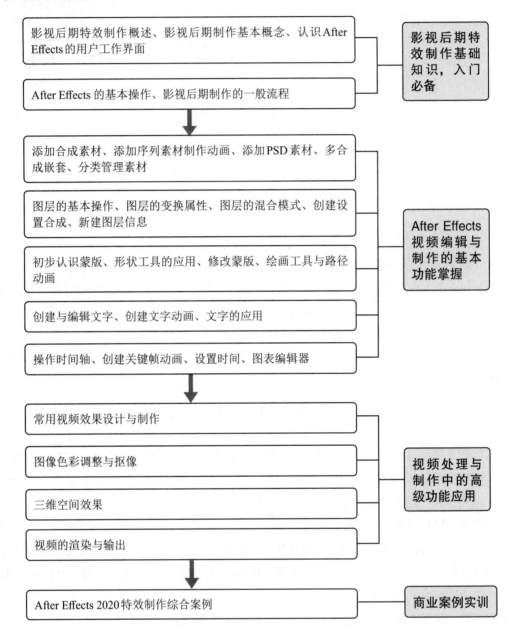

教学课时安排

本书综合 After Effects 2020 的功能应用,现给出本书教学的参考课时(共 70 课时,包括教师讲授 41 课时和学生上机实训 29 课时两部分),具体见下表所示。

章节内容	课时分配	
	教师讲授	学生上机实训
第1章　After Effects 2020 快速入门	2	2
第2章　添加与管理素材	3	3
第3章　图层的操作及应用	4	3
第4章　蒙版工具与动画制作	5	4
第5章　文字特效动画的创建及应用	4	2
第6章　创建与制作动画	4	2
第7章　常用视频效果设计与制作	5	3
第8章　图像色彩调整与抠像	3	2
第9章　三维空间效果	3	2
第10章　视频的渲染与输出	2	2
第11章　商业案例实训	6	4
合　计	41	29

配套资源说明

本书配套相关的学习资源和教学资源，读者或教师可以进行下载。

1. 素材文件

指本书中所有章节案例的素材文件，全部收录在网盘中的"\素材文件\第*章\"文件夹中。读者在学习时，可以参考本书讲解内容，打开对应的素材文件进行同步操作练习。

2. 结果文件

指本书中所有章节案例的最终效果文件，全部收录在网盘中的"\结果文件\第*章\"文件夹中。读者在学习时，可以打开结果文件，查看其案例效果，为操作练习提供帮助。

3. 视频教学文件

本书为读者提供了与书中案例同步的视频教程。通过相关的视频播放软件（Windows Media Player、暴风影音等），读者可打开每章中的视频文件进行学习，并且视频有语音讲解，非常适合零基础读者学习。

4.PPT 课件

本书为教师提供了配套的PPT教学课件，教师在选择本书作为教材时，不用再担心没有教学课件，自己也不必再费心制作课件内容。

5. 习题与答案

"习题答案汇总"文件，主要为教师及读者提供每章后面的"知识能力测试"的参考答案，以及本书的"知识与能力总复习题"及参考答案。

温馨提示： 对于以上资源，已传至百度网盘，供读者下载。请读者关注下面或封底的"博雅读书社"微信公众号，找到资源下载栏目，输入图书 77 页的资源下载码，根据提示获取。或者扫描右下方二维码关注公众号，输入代码 A85E41，获取下载地址及密码。

创作者说

在本书的编写过程中，我们竭尽所能地为您呈现最好、最全的实用功能，但仍难免有疏漏和不妥之处，敬请广大读者不吝指正。若您在学习过程中产生疑问或有任何建议，可以通过 E-mail 与我们联系。读者信箱：2751801073@qq.com。

CONTENTS 目 录

2020
After Effects

第1章

After Effects 2020
快速入门

電影、電視、網絡視頻等媒體已經成為當前最為大眾化、最具影響力的媒體形式，數字技術也全面進入影視製作過程，計算機逐步取代了原來的許多影視設備，在影視製作的各個環節發揮了很大的作用。本章將詳細介紹有關 After Effects 影視後期特效的基礎知識。

学习目标

- 认识影视后期特效并了解影视后期特效制作软件
- 认识After Effects 2020的用户工作界面
- 熟练掌握After Effects 2020的基本操作
- 熟练掌握影视后期制作的一般流程

1.1 影视后期特效制作概述

后期特效技术被广泛应用于影视制作中，特效其实就是在拍摄或者制作好的素材中进行锦上添花的制作，它可以实现现实中不可能存在或者很难拍摄的效果。

1.1.1 什么是影视后期特效

随着计算机技术的普及与运用，影视制作方式也发生了全新的改变。越来越多的计算机制作运用到电影作品中，对影视后期特效制作合成有着深刻影响，如平常看到的电影、广告、天气预报等都渗透着后期合成的影子。如今电影中各种特技让人眼花缭乱，其中许多特技都是由特技演员真实演绎，再后期合成的。例如，被很多电影爱好者及影视后期作者津津乐道的《复仇者联盟》中的很多场景及人物效果，就是通过后期合成技术制作的，如图1-1所示。

图 1-1　通过后期合成技术制作的特效

1.1.2 影视后期特效合成的常用软件

对于影视后期特效合成，目前使用的都是非线性编辑软件，国内用得较多、范围较广的还是Adobe 系列的软件。当然，根据不同的剪辑需要和内容，软件的选择也有所不同。像现在很多人在用的会声会影、爱剪辑都属于非专业的剪辑软件，这里不做赘述。下面详细介绍几款专业的影视后期特效合成软件。

1. Houdini

Houdini是Side Effects Software公司的旗舰级产品，是创建高级视觉效果的终极工具。因为Houdini具备横跨公司整个产品线的能力，所以Houdini Master为想让计算机动画更加精彩的用户提供了强大的制作能力。Houdini是特效方面非常强大的软件，许多电影特效都是由它完成的，如《指环王》中甘道夫放的那些魔法礼花和水马冲垮戒灵的场面，《后天》中的龙卷风等。

2. Digital Fusion

Digital Fusion是Eyeon Software公司推出的运行于SGI工作站及Windows NT系统上的专业非线性编辑软件，其强大的功能和方便的操作远非普通非线性编辑软件可比，也曾是许多电影大片的后期合成工具。例如，《泰坦尼克号》中就大量应用Digital Fusion来合成效果。Digital Fusion具有真实的3D环境支持，是市场上最有效的3D粒子系统。通过3D硬件加速，现在在一个程序内就可以实现从Pre-Vis到finals的转变。Digital Fusion是真正的2D和3D协同终极合成器。

3. Shake

Shake是Apple公司推出的主要用于后期图像合成的处理软件，许多荣获奥斯卡奖的影片都运用Shake来获得最佳视觉效果。在影视后期制作中Shake艺术家们可以在没有任何损害的情况下自由组合标准分辨率、HD或影片。因为支持8点、16点和32点（浮点）彩色分辨率，Shake能够以更高的保真度，合成高动态范围图像和CG元素，包含经制作验证的视觉效果工具，比如画面分层，轨迹跟进，蚀刻滚印效果，绘画、色彩校正和新的影片纹理图案模拟等。目前，Shake已处于停产状态，不再对其进行升级更新。

4. Inferno/Flame/Flint

Inferno/Flame/Flint是由加拿大的Discreet公司开发的系列合成软件。该公司一向是数字合成软件业的佼佼者，其主打产品就是运行在SGI平台上的Inferno/Flame/Flint软件系列，这三种软件分别是这个系列的高、中、低档产品。Inferno运行在多CPU的超级图形工作站ONYX上，一直是高档电影特技制作的主要工具；Flame运行在高档图形工作站OCTANE上，可以满足从高清晰度电视（HDTV）到普通视频等多种节目的制作需求；Flint主要用于电视节目的制作。在合成方面，Inferno/Flame/Flint以Action功能为核心，提供一种面向层的合成方式，用户可以在真正的三维空间操纵各层画面。从Action模块，可以调用校色、抠像、跟踪、稳定、变形等大量合成特效。

5. Combustion

Combustion是Discreet公司出品的高级特效软件，它具备创建极具震撼视觉效果所需的高运算速度和优良的可视化交互性能，提供了许多强有力的工具来设计、合成等，最终实现创造性想象。Combustion的高级结构将图像加速、多处理器支持和多场景视图等有机地集成在一起，从而提出了台式机上可视化交互的新标准。用户可以使用无压缩的视频素材在与分辨率无关的工作区中进行合成工作。

6. After Effects

After Effects 是 Adobe 公司出品的一款用于高端视频编辑系统的专业非线性编辑软件。它借鉴了许多软件的成功之处，将视频编辑合成上升到了新的高度。Photoshop 中层概念的引入，使 After Effects 可以对多层的合成图像进行控制，制作出天衣无缝的合成效果；关键帧、路径概念的引入，使 After Effects 对控制高级的二维动画如鱼得水；高效的视频处理系统，确保了高质量的视频输出；而令人眼花缭乱的光效和特技系统，更使 After Effects 能够实现使用者的很多创意。

After Effects 还保留有 Adobe 软件优秀的兼容性。在 After Effects 中可以非常方便地调入 Photoshop 和 Illustrator 的层文件；Premiere 的项目文件也可以近乎完美地再现于 After Effects 中；在 After Effects 中，甚至还可以调入 Premiere 的 EDL 文件。

1.2 影视后期制作基本概念

电影电视媒体已成为当前大众化、极具影响力的媒体形式，数字技术也全面进入影视制作过程，计算机逐步取代了许多原有的影视设备，在影视制作的各个环节发挥了很大的作用，本节将详细介绍影视后期制作的一些基本概念。

1.2.1 视频信号制式

世界上主要使用的视频信号制式有 NTSC、PAL 和 SECAM 三种，日本、韩国与美国等国家使用 NTSC 制式，中国大部分地区使用 PAL 制式，法国、俄罗斯等国家使用 SECAM 制式。中国国内市场上买到的正式进口的 DV 产品都是 PAL 制式。各国的视频信号制式不尽相同，制式的区分主要在于其帧频（场频）的不同、分解率的不同、信号带宽及载频的不同、色彩空间的转换关系不同等。

- NTSC 制式：它是 1952 年由美国国家电视标准委员会指定的彩色电视广播标准，采用正交平衡调幅的技术方式，故也称为正交平衡调幅制。
- PAL 制式：它是联邦德国在 1962 年指定的彩色电视广播标准，采用逐行倒相正交平衡调幅的技术方法，克服了 NTSC 制式相位敏感造成色彩失真的缺点。PAL 制式中根据不同的参数细节，又可以进一步划分为 G、I、D 等制式，其中 PAL-D 制是我国大陆采用的制式。
- SECAM 制式：SECAM 是法文的缩写，意为顺序传送彩色信号与存储恢复彩色信号制，是由法国在 1956 年提出，1966 年制定的一种新的彩色电视制式。它也克服了 NTSC 制式相位失真的缺点，但采用时间分隔法来传送两个色差信号。

1.2.2　逐行扫描与隔行扫描

通常显示器分逐行扫描和隔行扫描两种扫描方式。逐行扫描相对于隔行扫描是一种先进的扫描方式，它是指显示屏对显示图像进行扫描时，从屏幕左上角的第一行开始逐行进行，整个图像扫描一次完成。因此，图像画面闪烁小，显示效果好。目前先进的显示器大都采用逐行扫描方式。隔行扫描就是每一帧被分割为两场，每一场包含了一帧中所有的奇数扫描行或者偶数扫描行，通常先扫描奇数行得到第一场，然后扫描偶数行得到第二场。

隔行扫描是传统的电视扫描方式。按照我国电视标准，一幅完整图像垂直方向由625条构成，分两次显示，首先显示奇数场，再显示偶数场。由于线数是恒定的，所以屏幕越大，扫描线越粗，大屏幕的背投电视扫描线几乎有几毫米宽，而小屏幕电视扫描线相对细一些。逐行扫描是使电视机的扫描方式按顺序一行一行地显示一幅图像，构成一幅图像的625行一次显示完成的一种扫描方式。由于每一幅完整画面由625条扫描线组成，在观看电视时，扫描线几乎不可见，垂直分辨率较隔行扫描提高了一倍，完全克服了大面积的闪烁的隔行扫描固有的缺点，使图像更为细腻、稳定。在大屏幕电视上观看时效果尤佳，即便是长时间近距离观看，眼睛也不易疲劳。

1. 逐行扫描的优点

逐行扫描方式独有非线性信号处理技术，将普通隔行扫描电视信号转换成480行扫描格式，帧频由普通模拟电视的每秒25帧提高到60～75帧，实现了精确的运动检测和运动补偿，从而克服了传统扫描方式的三大缺陷。我们可以来做个比较，在1/50秒的时间内，隔行扫描方式先扫描奇数行，在紧跟着的五十分之一秒内再扫描偶数行，然而逐行扫描方式则是在五十分之一秒内完成整幅图像的扫描。经逐行扫描出来的画面清晰无闪烁，动态失真较小。若与逐行扫描电视、数字高清晰度电视配合使用，则完全可以获得胜似电影的美妙画质。

2. 隔行扫描方式的缺点

传统的隔行扫描方式无法解决三种问题：场频接近人眼对闪烁的敏感频率，在观看大面积浅色背景画面时会感到明显闪烁；隔行扫描的奇偶轮回导致明显的扫描线间闪烁，在观看文字信息时最为明显；隔行扫描的奇偶轮回导致画面呈现明显的、排列整齐的行结构线，且屏幕尺寸越大，行结构线越明显，影响画面细节的体现和整体画面效果。

1.2.3　帧速率

帧速率是指每秒钟刷新的图片的帧数，也可以理解为图形处理器每秒钟能够刷新几次。对影片内容而言，帧速率指每秒所显示的静止帧格数。要生成平滑连贯的动画效果，帧速率一般不小于8fps，而电影的帧速率为24fps。捕捉动态视频内容时，此数字越大越好。

像电影一样，视频是由一系列的单独图像（称之为帧）组成的，并放映到观众面前的屏幕上。每秒钟放24～30帧，这样才会产生平滑和连续的效果。在正常情况下，一个或者多个音频轨迹与视频同步，并为影片提供声音。

帧速率也是描述视频信号的一个重要概念，对每秒钟扫描多少帧有一定的要求。对于PAL制式电视系统，帧速率为25fps，而对于NTSC制式电视系统，帧速率为30fps。虽然这些帧速率足以提供平滑的运动，但它们还没有高到足以使视频显示避免闪烁的程度。根据实验，人的眼睛可觉察到低于1/50秒刷新图像中的闪烁。然而，如果要求帧速率提高到这种程度，则需显著增加系统的频带宽度，这是相当困难的。

1.2.4 分辨率和像素比

分辨率和像素比是不同的概念。分辨率可以从显示分辨率与图像分辨率两个方向来分类。显示分辨率（屏幕分辨率）是屏幕图像的精密度，是指显示器所能显示的像素有多少。由于屏幕上的点、线和面都是由像素组成的，显示器可显示的像素越多，画面就越精细，同样的屏幕区域内能显示的信息也就越多，所以分辨率是非常重要的性能指标之一。可以把整个图像想象成一个大型的棋盘，而分辨率的表示方式就是所有经线和纬线交叉点的数目。在显示分辨率一定的情况下，显示屏越小，图像越清晰，反之，显示屏大小固定时，显示分辨率越高，图像越清晰。图像分辨率则是单位英寸中所包含的像素点数，其定义更趋近于分辨率本身的定义。

像素比是指图像中一个像素的宽度与高度之比，而帧纵横比则是指图像的一帧的宽度与高度之比。如某些D1/DV NTSC图像的帧纵横比是4：3，但使用方形像素（1.0像素比）的分辨率是640×480，使用矩形像素（0.9像素比）的分辨率是720×480。DV基本上使用矩形像素，在NTSC制式视频中是纵向排列的，而在PAL制式视频中是横向排列的。使用计算机图形软件制作生成的图像大多使用方形像素。

1.2.5 视频压缩解码

视频压缩也称为编码，是一种相当复杂的数学运算过程，其目的是通过减少文件的数据冗余，以节省数据存储空间，缩短处理时间，以及节约数据传输通道等。根据应用领域的实际需要，不同的信号源及其存储和传播的媒介决定了压缩编码的方式，压缩比率和压缩的效果也各不相同。

压缩的方式大致分为两种。一种是利用数据之间的相关性，将相同或相似的数据特征归类，用较少的数据量描述原始数据，以减少数据量，这种压缩通常为无损压缩；而利用人的视觉和听觉特性，针对性地简化不重要的信息，以减少数据，这种压缩通常为有损压缩。即使是同一种AVI格式的影片也会有不同的视频压缩解码进行处理。

视频格式有很多，常用的有AVI、WMA、MOV、RM、RMVB、MPEG等几种格式。即便是同一种AVI或MOV格式的视频，也会有多种不同的压缩解码方式。在众多的AVI视频压缩解码当中，NONE是无压缩的处理方式，清晰度是最高的，但是文件的容量也是最大的。

1.3 认识After Effects的用户工作界面

After Effects 2020允许定制工作区的布局，用户可以根据工作的需要移动和重新组合工作区中的工具栏和面板。

1.3.1 菜单栏

菜单栏几乎是所有软件都有的重要界面要素之一，它包含了软件全部功能的命令操作。After Effects 2020提供了9项菜单，分别为文件、编辑、合成、图层、效果、动画、视图、窗口和帮助，如图1-2所示。

图1-2　After Effects 2020的菜单栏

1.3.2 【工具】面板

在菜单栏中选择【窗口】→【工具】命令，或者按【Ctrl+1】快捷键，即可打开或关闭【工具】面板，如图1-3所示。

图1-3　After Effects 2020的【工具】面板

【工具】面板包含了常用的编辑工具，使用这些工具可以在【合成】面板中对素材进行编辑操作，如移动、缩放、旋转、输入文字、创建遮罩、绘制图形等。

在工具栏中，有些工具按钮的右下角有小三角形符号，表示该工具下还包含其他工具，在该工具上按住鼠标不放，即可显示出其他的工具，如图1-4所示。

图1-4　显示其他隐藏工具

1.3.3 【项目】面板

【项目】面板位于界面的左上角，主要用来组织、管理视频中所使用的素材。视频制作所使用的素材，都要首先导入【项目】面板中，在此面板中还可以对素材进行预览。可以通过文件夹的形式来管理【项目】面板，将不同的素材以不同的文件夹分类导入，以方便视频编辑操作，文件夹可以展开也可以折叠，这样更便于项目的管理，如图1-5所示。

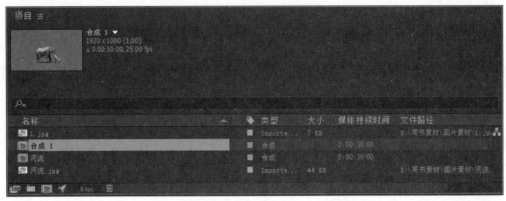

图 1-5   After Effects 2020 的【项目】面板

在素材目录区的上方的列表名称中，有素材、合成或文件夹的属性显示，表示每个素材不同的属性。下面将分别详细介绍这些属性的含义。

- 名称：显示素材、合成或文件夹的名称，单击该图标可将素材以名称方式进行排序。
- 标记：可以利用不同的颜色来区分项目文件，同样，单击该图标可将素材以标记的方式进行排序。如果要修改某个素材的标记颜色，直接单击素材右侧的颜色按钮，在弹出的快捷菜单中选择合适的颜色即可。
- 类型：显示素材的类型，如合成、图像或音频文件，同样，单击该图标可将素材以类型的方式进行排序。
- 大小：显示素材文件的大小，同样，单击该图标可将素材以大小的方式进行排序。
- 媒体持续时间：显示素材的持续时间，同样，单击该图标可将素材以持续时间的方式进行排序。
- 文件路径：显示素材的存储路径，以便于素材的更新与查找，方便素材的管理。

1.3.4 【合成】面板

【合成】面板是视频效果的预览区，在进行视频项目的制作时，它是最重要的面板，在该面板中可以预览到编辑时的每一帧效果。如果要在【合成】面板中显示画面，首先要将素材添加到时间线上，并将时间滑块移动到当前素材的有效帧内，才可以显示，如图1-6所示。

图 1-6　After Effects 2020 的【合成】面板

1.3.5　【时间轴】面板

时间轴是工作界面的核心部分，在 After Effects 中，动画设置基本都是在【时间轴】面板中完成的，其主要功能是可以拖动时间指示标预览动画，同时可以对动画进行设置和编辑操作，如图 1-7 所示。

图 1-7　After Effects 2020 的【时间轴】面板

After Effects 的基本操作

After Effects 的一个项目是存储在硬盘上的单独文件，其中存储了合成、素材及所有的动画信息。一个项目可以包含多个素材和多个合成，合成中的许多层是通过导入的素材创建的，还有些是在 After Effects 中直接创建的图形图像文件。

1.4.1　创建与打开新项目

在编辑视频文件时，首先要做的是创建一个项目文件，规划好项目的名称及用途，根据不同的视频用途来创建不同的项目文件。如果用户需要打开另一个项目，After Effects 会提示是否要保存当前项目的修改，在用户确定后，After Effects才会将项目关闭。下面详细介绍创建与打开新项目的操作方法。

步骤01 启动After Effects软件，在菜单栏中选择【文件】→【新建】→【新建项目】命令，如图1-8所示。

步骤02 创建好一个新项目后，在菜单栏中选择【文件】→【打开项目】命令，如图1-9所示。

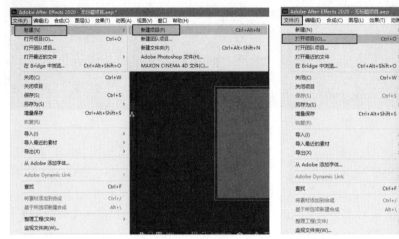

图1-8　选择【新建项目】命令　　　　　　　图1-9　选择【打开项目】命令

步骤03 在弹出的【打开】对话框中，选择要打开的新项目文件，然后单击【打开】按钮，如图1-10所示。可以看到已经打开选择的项目文件，这样即可完成创建与打开新项目的操作，如图1-11所示。

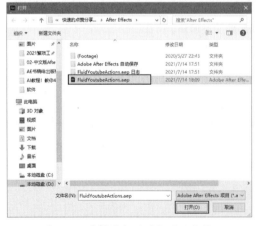 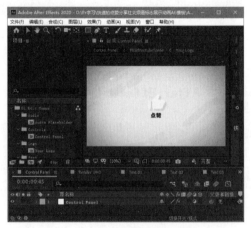

图1-10　选择要打开的新项目文件　　　　　　图1-11　打开选择的项目文件

1.4.2 项目模板与项目示例

项目模板文件是一个存储在硬盘上的单独文件，以 .aet 作为文件扩展名。用户可以调用许多

After Effects预置模板项目，如DVD菜单模板。这些模板项目可以作为用户制作项目的基础。用户可以在这些模板的基础上添加自己的设计元素。当然，用户也可以为当前的项目创建一个新模板。

当用户打开一个模板项目时，After Effects会创建一个新的基于用户选择模板的未命名的项目。用户编辑完毕后，保存这个项目并不会影响到After Effects的模板项目。

当用户开启一个After Effects模板项目时，可能想要了解这个模板文件是如何创建的，下面介绍一个非常好用的方法。

打开一个合成，并将其时间线激活，使用【Ctrl+A】快捷键将所有的层选中，然后按【U】键可以展开图层中所有设置了关键帧的参数或所有修改过的参数。动画参数或修改过的参数可以向用户展示模板设计师究竟做了什么样的工作。

如果有些模板中的层被锁定了，用户可能无法对其进行展开参数或修改操作，这时用户需要单击层左边的【锁定】按钮将其解锁。

1.4.3 保存与备份项目

在制作完项目及合成文件后，需要及时将项目文件进行保存与备份，以免计算机出错或突然停电带来不必要的损失，下面详细介绍保存与备份项目文件的操作方法。

步骤01 如果是新创建的项目文件，可以在菜单栏中选择【文件】→【保存】命令，如图1-12所示。

步骤02 在弹出的【另存为】对话框中，选择文件准备保存的位置，并且为其创建文件名和选择保存类型，然后单击【保存】按钮即可，如图1-13所示。

图1-12 选择【保存】命令

图1-13 设置保存位置、文件名及保存类型

步骤03 如果希望将项目作为XML项目的副本，用户可以在菜单栏中选择【文件】→【另存为】→【将副本另存为XML】命令，如图1-14所示。

步骤04 在弹出的【副本另存为XML】对话框中，选择文件准备保存的位置，并且为其创建文件名和选择保存类型，然后单击【保存】按钮即可，如图1-15所示。

图1-14　选择【将副本另存为XML】命令　　　　图1-15　设置保存位置、文件名及保存类型

📚 课堂范例——新建一个 PAL 宽银幕合成

用户在任何时候都可以建立一个新合成。在建立合成之前，用户需要了解画幅大小、像素比、帧速率等重要概念，否则会影响用户最终的输出结果。本例通过详细设置合成参数，并导入一个素材文件调整其缩放参数，新建一个PAL宽银幕合成。

步骤01　　新建一个项目文件后，在菜单栏中选择【合成】→【新建合成】命令，如图1-16所示。

步骤02　　在弹出的【合成设置】对话框中，设置【合成名称】为【合成1】，在【预设】下拉列表框中选择【PAL D1/DV宽银幕】选项，宽度为720px，高度为576px，【像素长宽比】为【D1/DV PAL宽银幕（1.46）】，【帧速率】为25帧/秒，【持续时间】为5秒，单击【确定】按钮，如图1-17所示。

图1-16　选择【新建合成】命令　　　　　　图1-17　设置合成

步骤 03　在菜单栏中选择【文件】→【导入】→【文件】命令，如图 1-18 所示。

步骤 04　在弹出的【导入文件】对话框中，选择准备导入的素材"玫瑰 .jpg"，单击【导入】按钮，如图 1-19 所示。

图 1-18　选择【文件】命令

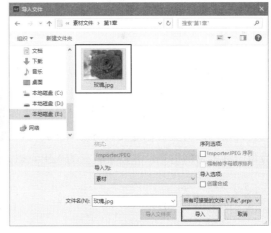
图 1-19　选择准备导入的素材

步骤 05　将导入的【项目】面板中的"玫瑰 .jpg"素材拖曳到【时间轴】面板中，可以看出图片大小与合成不适合，可以在【时间轴】面板中单击打开"玫瑰 .jpg"下方的【变换】，设置【缩放】参数为（112，112%），即可完成新建一个 PAL 宽银幕合成的操作，如图 1-20 所示。

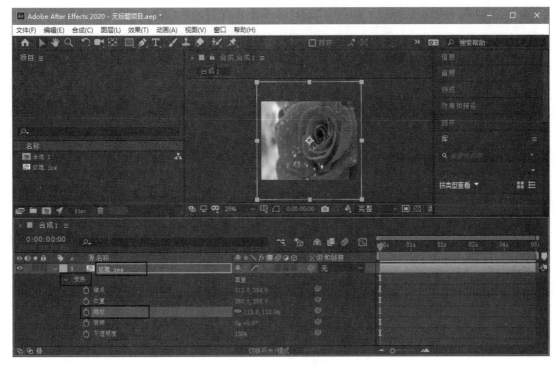
图 1-20　新建的 PAL 宽银幕合成

1.5 影视后期制作的一般流程

无论用户使用After Effects创建特效合成还是关键帧动画，甚至仅仅使用After Effects制作简单的文字效果，这些操作都要遵循相同的工作流程。

1.5.1 导入素材

当用户创建一个项目时，需要将素材导入【项目】面板中，After Effects会自动识别常见的媒体格式，但是用户需要自己定义素材的一些属性，如像素比、帧速率等。用户可以在【项目】面板中查看每一种素材的信息，并设置素材的入出点以匹配合成。

1.5.2 创建项目合成

用户可以创建一个或多个合成。任何导入的素材都可以作为层的源素材导入合成中。用户可以在【合成】面板中排列和对齐这些层，或在【时间轴】面板中组织它们的时间排序或设置动画，还可以设置层是二维层还是三维层，以及是否需要真实的三维空间感。用户可以使用遮罩、混合模式及各种抠像工具来进行多层的合成，甚至还可以使用形状层、文本层或绘画工具，创建用户需要的视觉元素，最终完成需要的合成或视觉效果。

1.5.3 添加效果

用户可以为一个层添加一个或多个特效，通过这些特效创建视觉效果和音频效果，甚至可以通过简单的拖曳来创建美妙的时间元素。用户可以在After Effects中应用数以百计的预置特效、预置动画与图层样式，还可以选择调整好的特效并将其保存为预设值，也可以为特效的参数设置关键帧动画，从而创建更丰富的视觉效果。

1.5.4 设置关键帧

用户可以修改层的属性，如大小、位移、透明度等。利用关键帧或表达式，用户可以在任何时间修改层的属性来完成动画效果，甚至可以通过跟踪或稳定面板让一个元素去跟随另一个元素运动，或让一个晃动的画面静止下来。

1.5.5 预览画面

使用After Effects在用户的计算机显示器上预览合成效果是非常快速和高效的。即使是非常复杂的项目，用户依然可以使用OpenGL技术加快渲染速度。用户可以通过修改渲染的帧速率或分辨率来改变渲染速度，也可以通过限制渲染区域或渲染时间来达到类似的改变渲染速度的效果。通过色彩管理，用户可以在不同设备上预览影片的显示效果。

1.5.6 渲染输出视频

用户可以定义影片的合成并通过渲染队列将其输出。不同的设备需要不同的合成，用户可以建立标准的电视或电影格式的合成，也可以自定义合成，最终通过After Effects强大的输出模块将其输出为用户需要的影片编码格式。After Effects提供了多种输出设置，并支持渲染队列与联机渲染。

课堂问答

通过本章的讲解，读者对影视后期特效制作、影视后期制作基本概念、After Effects 2020的用户工作界面和基本操作有了一定的了解，下面列出一些常见的问题供读者学习参考。

问题❶：如何调整面板位置？

答：After Effects的工作空间采用"可拖放区域管理模式"，通过拖放面板的操作，可以自由定义工作空间的布局，下面详细介绍调整面板位置的操作方法。

步骤01 选择准备移动的面板，如图1-21所示。

步骤02 将该面板单独脱离出来。按住【Ctrl】键拖动面板，然后释放鼠标，就可以将面板单独脱离出来，如图1-22所示。

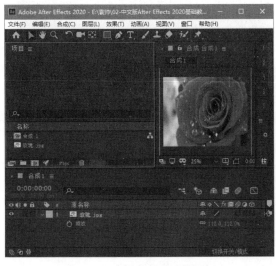

图1-21 选择准备移动的面板

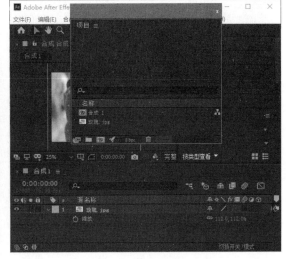

图1-22 将该面板单独脱离出来

步骤03 拖动面板到另一个可停靠的面板中，显示停靠效果时即可释放鼠标，如图1-23所示。通过以上步骤即可完成调整面板位置的操作，如图1-24所示。

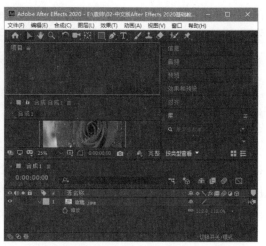

图 1-23　拖动面板到另一个可停靠的面板中　　　　　　图 1-24　调整后的效果

问题 ❷：如何调整面板大小？

答：使用 After Effects 2020 时，用户可以调整面板的大小，使工作空间的结构更加紧凑，节约空间资源，下面详细介绍调整面板大小的操作方法。

选择准备调整的面板后，将鼠标指针移动至两个面板之间，当指针变为双向箭头 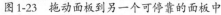 时，拖曳鼠标向左或向右即可调整面板的大小，如图 1-25 所示。

通过以上步骤可完成调整面板大小的操作，调整后的效果如图 1-26 所示。

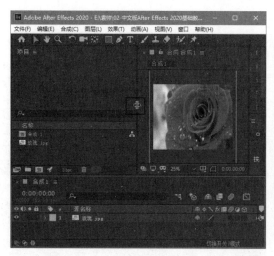
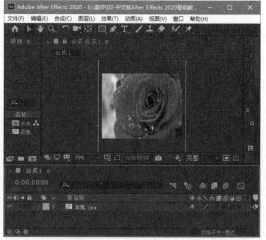

图 1-25　拖动鼠标调整面板的大小　　　　　　图 1-26　调整后的效果

技 能 拓 展

选择准备调整的面板后，将鼠标指针移动至上下两个面板之间，当指针变为上下双向箭头时，拖曳鼠标向上或向下来即可调整面板的高度。

问题 ❸：After Effects 2020 软件界面颜色太暗，可以调整界面颜色吗？

答：After Effects 2020软件默认的界面颜色为黑色，在使用时，用户可以自定义界面颜色，合理地调整界面颜色不仅可以缓解眼睛疲劳，还可以更加清晰地分辨出各个区域，下面详细介绍调整界面颜色的操作方法。

步骤01　启动After Effects 2020软件后，在菜单栏中选择【编辑】→【首选项】→【外观】命令，如图1-27所示。

步骤02　在弹出的【首选项】对话框中，用户可以进行亮度调节、颜色加亮等，调整完毕后，单击【确定】按钮，如图1-28所示。

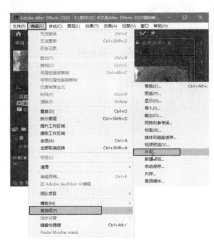
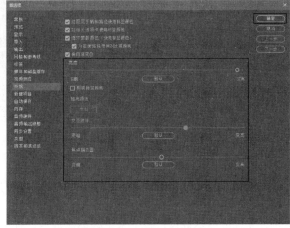

图1-27　选择【外观】命令　　　　图1-28　设置界面颜色参数

返回到主界面中，可以看到界面的颜色已被调整，通过以上步骤即可完成调整界面颜色的操作，如图1-29所示。

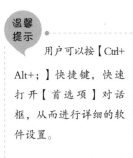

温馨提示

用户可以按【Ctrl+Alt+;】快捷键，快速打开【首选项】对话框，从而进行详细的软件设置。

图1-29　调整后的界面颜色

上机实战——使用标尺进行辅助设计工作

通过本章的学习，为让读者巩固本章知识点，下面讲解一个技能综合案例，使读者对本章的知识有更深入的了解。

效果展示

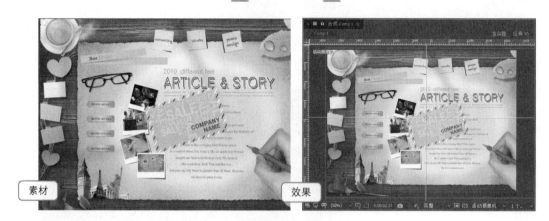

思路分析

标尺的用途是度量图形的尺寸，同时可对图形进行辅助定位，使图形的设计工作更加方便、准确，下面详细介绍标尺的相关使用方法。

本例首先需要显示标尺，接下来更改标尺原点，拖曳十字线到图像上新标尺原点位置即可。同时，用户还可以关闭标尺的显示。

制作步骤

步骤01　　打开"素材文件\第1章\使用标尺.aep"，如图1-30所示。

步骤02　　在菜单栏中选择【视图】→【显示标尺】命令，如图1-31所示。

图1-30　素材效果

图1-31　选择【显示标尺】命令

步骤03 通过标尺内的标记可以观察鼠标光标移动时的位置，可以更改标尺原点，从默认左上角标尺上的（0，0）标志位置，拖动十字线到图像上新标尺的原点即可，如图1-32所示。

步骤04 当标尺处于显示状态时，在菜单栏中取消选择【视图】→【显示标尺】命令，如图1-33所示。

图1-32　更改标尺原点　　　　　图1-33　取消选择【显示标尺】命令

步骤05 这样即可关闭标尺的显示，效果如图1-34所示。

图1-34　关闭标尺的显示

温馨提示

　　用户可以按【Ctrl+R】快捷键，快速进行显示与关闭标尺的操作。

同步训练——为素材添加一个调色类效果

　　通过上机实战案例的学习，为增强读者的动手能力，下面安排一个同步训练案例，让读者达到举一反三、触类旁通的学习效果。

思路分析

【效果控件】面板用于为图层添加效果，在该面板中可以选择图层，并可修改效果中的各个参数。使用 After Effects 2020可以为素材添加一个调色类效果，从而对素材进行色彩的调整，以达到想要的效果。

本例将新建一个合成，然后导入一个素材文件并拖曳到【时间轴】面板中，最后添加"曲线"效果并进行调节，完成为素材添加一个调色类效果的操作。

关键步骤

步骤01　新建一个项目文件后，右击【项目】面板的空白处，然后在弹出的快捷菜单中选择【新建合成】命令，如图1-35所示。

步骤02　弹出【合成设置】对话框，设置【合成名称】为【合成1】，在【预设】下拉列表框中选择【自定义】选项，设置宽度为960px，高度为600px，设置【像素长宽比】为【方形像素】，设置【帧速率】为25帧/秒，设置【持续时间】为5秒，最后单击【确定】按钮，如图1-36所示。

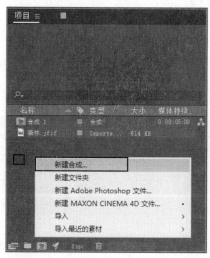

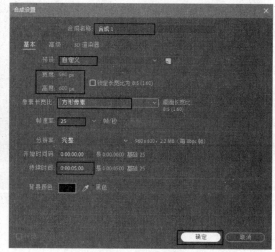

图1-35　选择【新建合成】命令　　　　　　图1-36　设置合成参数

步骤03　完成创建合成后，在菜单栏中选择【文件】→【导入】→【文件】命令，如图1-37所示。

步骤04　弹出【导入文件】对话框，选择"素材文件\第1章\森林.jfif"，然后单击【导入】按钮，如图1-38所示。

步骤05　完成导入素材文件后，将【项目】面板中的素材文件拖曳到【时间轴】面板中，如图1-39所示。

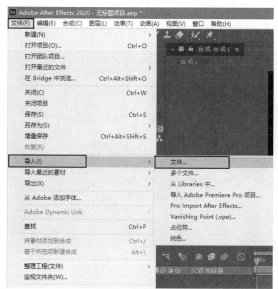

图1-37　选择【文件】命令　　　　　　图1-38　选择素材文件

图1-39　拖曳到【时间轴】面板中

步骤06　此时在【合成】面板中可以看到素材图像色彩比较暗淡，在界面右侧的【效果和预设】面板中搜索"曲线"效果，并将该效果直接拖曳到【时间轴】面板中的"森林.jfif"图层上，如图1-40所示。

步骤07　选中【时间轴】面板中的素材图层，然后在【效果控件】面板中的曲线上单击添加两个控制点，并向左上拖曳，调整素材色彩，如图1-41所示。

步骤08　此时，在【合成】面板中，可以看到素材图像在调整色彩后变亮了，这样即可完成为素材添加一个调色类效果的操作，如图1-42所示。

图1-40　为图层添加效果

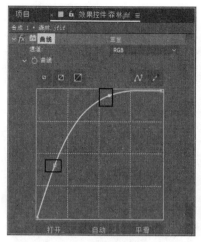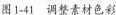

图1-41　调整素材色彩

图1-42　调整后的效果

知识能力测试

本章讲解了After Effects影视特效及后期制作的一些基本知识及基础操作，为对知识进行巩固和考核，接下来布置相应的练习题。

一、填空题

1．世界上主要使用的视频信号制式有＿＿＿、＿＿＿和＿＿＿三种，日本、韩国与美国等国家使用＿＿＿制式，中国大部分地区使用＿＿＿制式，法国、俄罗斯等国家使用＿＿＿制式。

2．通常，显示器分＿＿＿和＿＿＿两种扫描方式。

3．＿＿＿是指每秒钟刷新的图片的帧数，也可以理解为图形处理器每秒钟能够刷新几次。

二、选择题

1．在菜单栏中选择【窗口】→【工具】命令，或者按（　　　）快捷键，即可打开或关闭【工具】面板。

A.【Ctrl+2】　　　　　　　　　　B.【Ctrl+1】

C.【Ctrl+3】　　　　　　　　　　D.【Ctrl+4】

2．（　　　）面板位于界面的左上角，主要用来组织、管理视频中所使用的素材。

A.【项目】　　　　　　　　　　B.【合成】

C.【素材】　　　　　　　　　　D.【时间轴】

三、简答题

1．如何创建与打开新项目？

2．如何保存与备份项目？

第2章
添加与管理素材

　　完成创建一个项目文件后，使用After Effects的第一件事情就是在【项目】面板中导入素材文件，素材是After Effects的基本构成元素，因此，学会添加与管理素材是掌握After Effects软件的基础，本章具体介绍添加与管理素材的相关知识及操作方法。

学习目标

- 学会添加合成素材
- 学会添加序列素材制作动画
- 学会添加PSD素材
- 学会多合成嵌套
- 学会分类管理素材

2.1 添加合成素材

素材的导入非常关键，要想做出丰富多彩的视觉效果，单单凭借After Effects 2020软件是不够的，还要许多外在的软件来辅助设计，这时就要将其他软件中做出的不同类型格式的图形、动画效果导入After Effects 2020中来应用。

2.1.1 应用菜单导入素材

在进行影片的编辑时，一般首要的任务就是导入要编辑的素材文件，下面详细介绍应用菜单导入素材的操作方法。

步骤01 启动After Effects软件，在菜单栏中选择【文件】→【导入】→【文件】命令，如图2-1所示。

步骤02 在弹出的【导入文件】对话框中，选择要导入的文件"素材文件\第2章\壮丽的烟火.mov"，然后单击【导入】按钮，如图2-2所示。

图2-1 选择【文件】命令　　　　　图2-2 选择准备导入的素材文件

步骤03 在【项目】面板中可以看到导入的素材文件，这样就完成了应用菜单导入素材的操作，如图2-3所示。

图2-3 导入【项目】面板中的素材文件

2.1.2　右键方式导入素材

除了在菜单中导入素材外，用户还可以在【项目】面板的空白位置使用鼠标右键来导入素材，下面详细介绍右键方式导入素材的操作方法。

步骤01　在【项目】面板的空白位置右击，在弹出的快捷菜单中选择【导入】→【文件】命令，如图2-4所示。

步骤02　弹出【导入文件】对话框，选择要导入的文件"素材文件\第2章\海上日落.mov"，然后单击【导入】按钮，如图2-5所示。

图2-4　选择【文件】命令　　　　图2-5　选择准备导入的素材文件

步骤03　在【项目】面板中可以看到导入的素材文件，这样就完成了使用右键方式导入素材的操作，如图2-6所示。

图2-6　导入【项目】面板中的素材文件

2.2 添加序列素材制作动画

序列是一种存储视频的方式。在存储视频的时候，经常将音频和视频分别存储为单独的文件，以便于再次进行组织和编辑。视频文件经常会将每一帧存储为单独的图片文件，需要再次编辑的时候再将其以视频方式导入进来，这些图片称为图像序列。

2.2.1 设置导入序列

很多文件格式都可以作为序列来存储，如JPEG、BMP等，但一般都存储为TGA序列。相比其他格式，TGA是最重要的序列格式，下面详细介绍设置导入序列的操作方法。

步骤01　在【项目】面板的空白位置右击，在弹出的快捷菜单中选择【导入】→【文件】命令，如图2-7所示。

步骤02　弹出【导入文件】对话框，定位到"素材文件\第2章\虾米"，单击导入序列的起始帧，选中【Targa序列】复选框，单击【导入】按钮，即可将选择的序列文件进行导入，如图2-8所示。

图2-7　选择【文件】命令　　　　　图2-8　设置导入序列

2.2.2 设置素材通道

选择序列文件，单击【导入】按钮后，会弹出【解释素材】对话框，下面详细介绍设置素材通道的操作方法。

步骤01　在弹出的【解释素材】对话框中，在【Alpha】选项组中选中【直接-无遮罩】单选按钮，然后单击【确定】按钮，如图2-9所示。

步骤02　在【项目】面板中可以看到导入的序列素材文件，这样就完成了设置素材通道的操作，如图2-10所示。

图2-9　设置素材通道

图2-10　导入序列素材文件

【解释素材】对话框中三个单选按钮的含义如下。

- 忽略：在导入序列素材时，选中该单选按钮将不计算素材的通道信息。
- 直接-无遮罩：透明度信息只存储在 Alpha 通道中，而不存储在任何可见的颜色通道中。使用直接通道时，仅在支持直接通道的应用程序中显示图像时才能看到透明度结果。
- 预乘-有彩色遮罩：透明度信息既存储在 Alpha 通道中，也存储在可见的 RGB 通道中，后者乘以一个背景颜色。预乘通道有时也称为有彩色遮罩。半透明区域（如羽化边缘）的颜色偏向于背景颜色，偏移度与其透明度成比例。

2.2.3　序列素材应用

导入序列素材文件后，用户就可以应用序列素材来制作色彩丰富的作品了，下面详细介绍序列素材应用的操作方法。

步骤01　新建一个合成项目，并在【项目】面板中选择视频素材"素材文件\第2章\背景.mov"，再将其拖曳至【时间轴】面板中，作为合成的背景素材，如图2-11所示。

步骤02　在【项目】面板中选择导入的序列素材，并将其拖曳至【时间轴】面板中，序列素材放在背景素材的上方作为合成的元素素材进行显示即可，效果如图2-12所示。

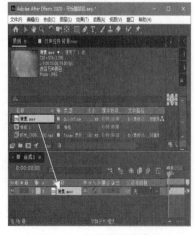
图2-11　合成的背景素材

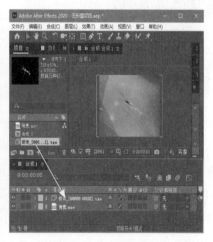
图2-12　序列素材应用

在导入序列素材时，因选中了【Targa序列】选项，所以只需选择起始帧素材，软件就会将所有序列素材自动连续导入。导入的素材会显示自身帧数信息和分辨率尺寸，便于素材进行管理。

2.3 添加PSD素材

PSD素材是重要的图片素材之一，是由Photoshop软件创建的。使用PSD文件进行编辑有非常重要的优势：高兼容，支持分层和透明。

2.3.1 导入合并图层

导入合并图层可将所有层合并，作为一个素材导入，下面详细介绍导入合并图层的操作方法。

步骤01 在【项目】面板的空白位置双击，准备进行素材的导入操作，如图2-13所示。

步骤02 在弹出的【导入文件】对话框中，选择"墨点.psd"素材文件，在【导入为】下拉列表框中选择【素材】选项，单击【导入】按钮，如图2-14所示。

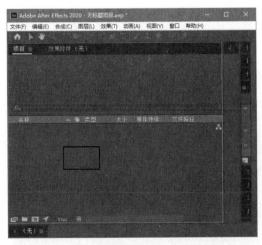

图2-13 在【项目】面板的空白位置双击

图2-14 选择导入的素材文件

步骤03 弹出【墨点.psd】对话框，设置【导入种类】为【素材】方式，在【图层选项】组中，选中【合并的图层】单选按钮，单击【确定】按钮，如图2-15所示。

步骤04 在【项目】面板中，可以看到导入的素材已经合并为一个图层，这样就完成了导入合并图层的操作，如图2-16所示。

图 2-15　设置合并图层

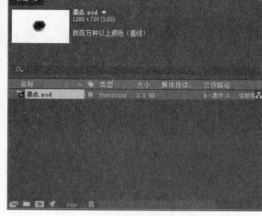

图 2-16　合并的图层

2.3.2　导入所有图层

导入所有图层是将分层 PSD 文件作为合成导入 After Effects 中，合成中的层遮挡顺序与 PSD 在 Photoshop 中的相同，下面详细介绍导入所有图层的操作方法。

步骤01　导入素材文件"素材文件\第 2 章\logo.psd"，在【logo.psd】对话框中，设置导入种类为【合成】方式，在【图层选项】组中，选中【可编辑的图层样式】单选按钮，单击【确定】按钮，如图 2-17 所示。

步骤02　在【项目】面板中可以看到素材是分层导入的，每个元素都是单独的一个图层，如图 2-18 所示。

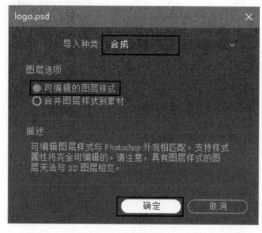

图 2-17　设置导入种类

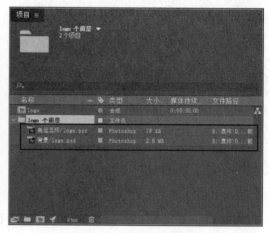

图 2-18　导入所有图层

步骤03　在【项目】面板的顶部也可以选择"logo"文件，对所有图层进行整体控制，如图 2-19 所示。

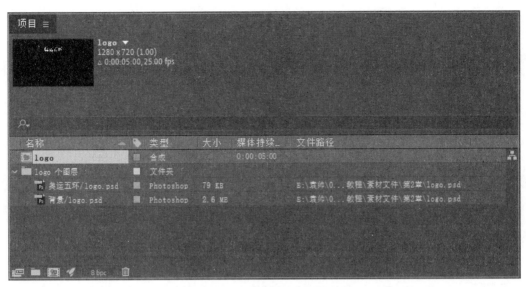

图 2-19 对所有图层进行整体控制

2.3.3 导入指定图层

将导入的指定图层素材添加到合成项目后，会完全保持Photoshop的层信息，下面详细介绍导入指定图层的操作方法。

步骤01 在第2.3.2节的【logo.psd】对话框中，设置导入种类为【素材】方式，在【图层选项】组中选中【选择图层】单选按钮，在【选择图层】下拉列表框中选择【奥运五环】选项，单击【确定】按钮，如图2-20所示。

步骤02 在【项目】面板中可以看到导入的指定图层素材，这样就完成了导入指定图层的操作，如图2-21所示。

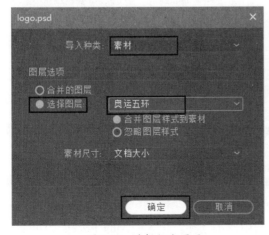

图 2-20 选择指定图层

图 2-21 导入指定图层

2.4 多合成嵌套

嵌套操作多用于素材繁多的合成项目。例如，可以通过一个合成项目制作影片背景，再通过其他合成制作影片元素，最终将影片元素的合成项目拖曳至背景合成中，便于对不同素材的管理与操作。

2.4.1 选择【导入】命令

在影片的制作过程中，可以将多个合成的工程文件进行嵌套操作，下面详细介绍选择【导入】命令的操作方法。

步骤01 在菜单栏中选择【文件】→【导入】→【多个文件】命令，如图2-22所示。

步骤02 在弹出的【导入多个文件】对话框中，选择以往存储的工程文件进行导入操作，如图2-23所示。

图2-22 选择【多个文件】命令

图2-23 选择文件进行导入

2.4.2 切换导入合成

在【项目】面板中可以看到完成导入的所有素材，包括文件夹、合成文件及视频文件等，下面详细介绍切换导入合成的操作方法。

步骤01 在【项目】面板中，导入素材项目文件"倒计时动画.aep"后，在导入的合成项目文件夹图标上双击，如图2-24所示。

步骤02 展开导入的合成项目文件夹，在其中双击选择新导入的After Effects 2020工程文件，即可切换至此工程的合成状态，如图2-25所示。

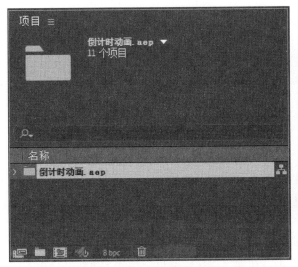

图 2-24　在项目文件夹图标上双击

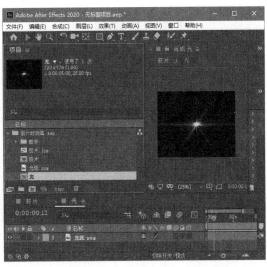

图 2-25　切换导入合成

2.4.3　多合成嵌套操作方法

使用 After Effects 2020 软件，在一个项目里可以支持多个项目文件的编辑，可以把项目文件当作素材进行编辑，下面详细介绍多合成嵌套的操作方法。

步骤01　在【时间轴】面板中，切换至【胶片】合成，然后再将新导入的合成项拖曳至【时间轴】面板中，完成多合成项目的嵌套操作，如图 2-26 所示。

步骤02　在【时间轴】面板中展开新嵌套的层，然后开启【变换】项并设置其缩放值为 75，位置 X 轴值为 430，Y 轴值为 289.5，使其缩小，便于观察两个合成文件的嵌套效果，如图 2-27 所示。

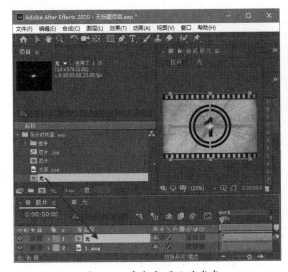

图 2-26　多合成项目的嵌套

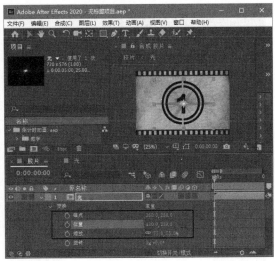

图 2-27　设置参数

2.5 分类管理素材

在使用After Effects软件进行视频编辑时，由于有时需要大量的素材，而且导入的素材在类型上又各不相同，如果不加以归类，将对以后的操作造成很大的麻烦，这时就需要对素材进行合理的分类管理。

2.5.1 合成素材分类

在【项目】面板中，素材文件的类型有合成文件、图片素材、音频素材、视频素材等，为了便于对合成素材的管理，可将其进行归类整理操作，下面详细介绍素材分类的方法。

步骤01 在【项目】面板的空白位置处右击，在弹出的快捷菜单中选择【新建文件夹】命令，如图2-28所示。

步骤02 此时会出现一个"未命名1"的文件夹，并处于可编辑状态，如图2-29所示。

步骤03 将"未命名1"的文件夹重命名为"图片素材"文件夹，然后按【Enter】键即可，如图2-30所示。

步骤04 按住【Ctrl】键选择所有的图片素材，然后将其拖曳至"图片素材"文件夹中，如图2-31所示。

步骤05 在"图片素材"文件夹中，可以看到已经将选择的图片素材整理到该文件夹中了，如图2-32所示。

步骤06 在【项目】面板中，新建"影音文件"文件夹，再将音频和视频文件拖曳至此文件夹中对素材进行整理，如图2-33所示。

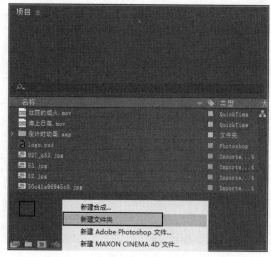

图2-28　选择【新建文件夹】命令

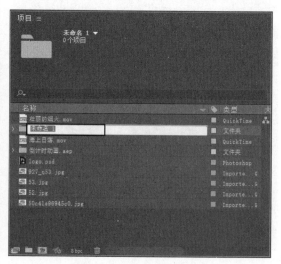

图2-29　可编辑文件夹

图2-30 重命名文件夹

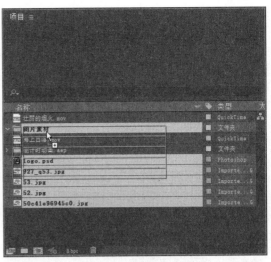

图2-31 拖曳图片素材

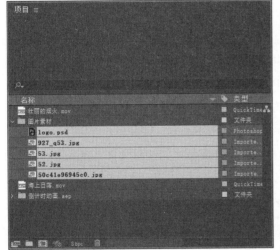

图2-32 整理后的文件夹

图2-33 整理影音素材

2.5.2 素材重命名

After Effects 2020软件可以将文件夹中的素材进行重命名操作，对素材进行更加细化的管理，下面详细介绍素材重命名的操作方法。

步骤01 在文件夹中的素材上右击，在弹出的快捷菜单中选择【重命名】命令，如图2-34所示。

步骤02 在文字处于可编辑状态下，输入"背景音乐"，然后按【Enter】键即可完成素材重命名的操作，如图2-35所示。

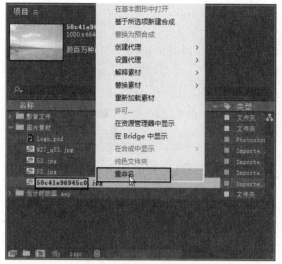

图 2-34　选择【重命名】命令　　　　　　　　　图 2-35　重命名素材

📖 课堂范例——替换"背景图片"素材

在进行视频处理的过程中，如果导入After Effects 2020软件中的素材不理想，除了直接修改链接的硬盘文件外，也可以将素材文件指定为另一个硬盘文件，本例详细介绍替换素材的操作方法。

步骤01　打开"素材文件\第2章\分类管理素材.aep"，在文件夹中的素材上右击，在弹出的快捷菜单中选择【替换素材】→【文件】命令，如图2-36所示。

步骤02　在弹出的【替换素材文件】对话框中，选择要替换的素材文件"夜景.jpg"，单击【导入】按钮，如图2-37所示。

通过以上步骤即可完成替换素材的操作，可以看到选择的素材文件已被替换，如图2-38所示。

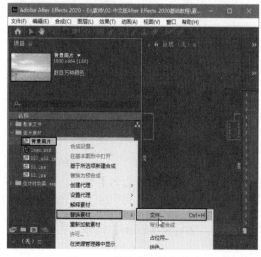

图 2-36　选择【文件】命令

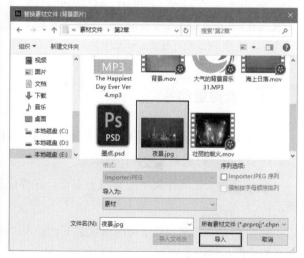

图 2-37　选择要替换的素材文件

图 2-38　替换的素材

📖 课堂问答

通过本章的讲解，读者对添加合成素材、添加序列素材制作动画、添加 PSD 素材、多合成嵌套、分类管理素材有了一定的了解，下面列出一些常见的问题供学习参考。

问题 ❶：导入的素材有重复，如何进行整理？

答：在导入一些素材后，有时候大量的素材会出现有重复的问题，那么用户就需要对这些有重复的素材进行重新整理，下面通过一个案例详细介绍整理素材的操作方法。

步骤01　打开素材项目"整理素材.aep"，在【项目】面板中可以看到有重复的素材，如图 2-39 所示。

步骤02　在菜单栏中选择【文件】→【整理工程（文件）】→【整合所有素材】命令，如图 2-40 所示。

图 2-39　打开素材项目

图 2-40　选择【整合所有素材】命令

步骤03 在弹出的【After Effects】对话框中,提示整理素材的结果,单击【确定】按钮,如图2-41所示。

图2-41 提示整理素材的结果

步骤04 在【项目】面板中,可以看到大量重复出现的素材已被重新整理,这样即可完成整理素材的操作,如图2-42所示。

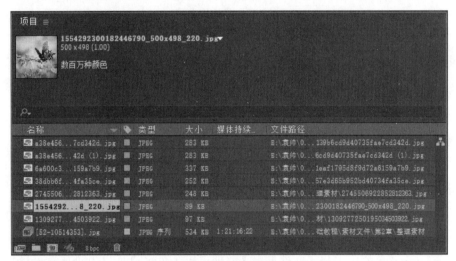

图2-42 整理后的素材

技能拓展

选择准备进行重命名的文件夹,右击,在弹出的快捷菜单中选择【重命名】命令,也可以对文件夹进行重命名操作。

问题❷:新建的文件夹也可以重命名吗?如何操作?

答:新创建的文件夹将以系统"未命名1""未命名2"等的形式出现,为了便于操作,用户可以对文件夹进行重命名,下面详细介绍重命名文件夹的操作方法。

步骤01 在【项目】面板中选择需要重命名的文件夹,然后按【Enter】键,激活输入框,如图2-43所示。

步骤02 输入新的文件夹名称,然后按【Enter】键即可完成重命名文件夹的操作,如图2-44所示。

图 2-43 激活输入框　　　　　　　　　　　图 2-44 完成重命名

问题 ❸：当工程文件路径位置被移动时，如何在 After Effects 中打开该工程文件？

答：当制作完成的工程文件被移动位置后，再次打开时通常会在 After Effects 界面中弹出一个提示项目文件不存在的对话框，导致此文件无法打开，如图 2-45 所示。

图 2-45 提示项目文件不存在的对话框

此时可以将该工程文件复制到计算机的桌面位置，再次双击该文件即可打开该文件，但是打开后可能还会弹出一个对话框提示文件丢失，单击【确定】按钮即可，如图 2-46 所示。

图 2-46 提示文件丢失

文件移动位置将会导致素材找不到原来的路径，所以会以彩条方式显示，如图2-47所示，那么就需要重新指定素材的路径。在【项目】面板中，右击素材，在弹出的快捷菜单中选择【替换素材】→【文件】命令，如图2-48所示。

图2-47 以彩条方式显示

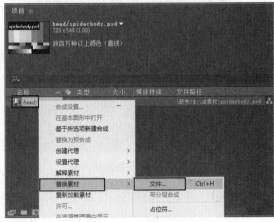

图2-48 选择【文件】命令

此时将路径指定到该素材所在的位置，然后选择该素材，并取消选中【序列选项】下方的复选框，最后单击【导入】按钮，如图2-49所示。

最终文件的效果就能正确显示了，如图2-50所示。

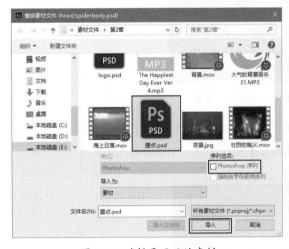

图2-49 选择要显示的素材

图2-50 正确显示

上机实战——通过多种方式删除素材

通过本章的学习，为让读者巩固本章知识点，下面讲解一个技能案例，使大家对本章的知识有更深入的了解。

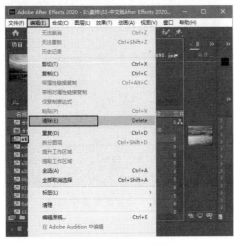

对于当前项目中未曾使用或不准备使用的素材，用户可以将其删除，从而精简项目中的文件。本例将详细介绍删除素材的相关操作方法。

下面通过介绍清除素材文件、删除所选素材文件、删除未用过的素材、删除合成影像中正在使用的素材文件等方式，来学习删除操作。

步骤01 在【项目】面板中，选择准备删除的素材文件，在菜单栏中选择【编辑】→【清除】命令，或按【Delete】键即可清除素材文件，如图2-51所示。

步骤02 选择准备要删除的素材文件，然后单击【项目】面板底部的【删除所选项目项】按钮▥也可以删除素材文件，如图2-52所示。

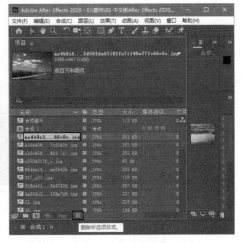

图2-51 清除素材　　　　　　　　　　图2-52 删除所选素材

步骤03 在菜单栏中选择【文件】→【整理工程（文件）】→【删除未用过的素材】命令，即可将【项目】面板中未使用的素材全部删除，如图2-53所示。

步骤04 选择一个合成影像中正在使用的素材文件，然后单击【删除所选项目项】按钮 🗑，如图2-54所示。

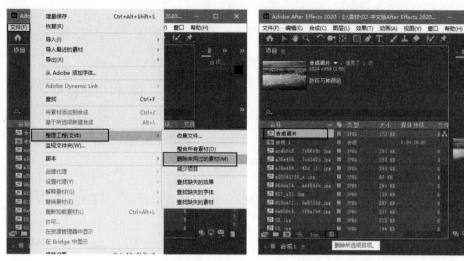

图2-53　全部删除未使用的素材　　　　图2-54　选择正在使用的素材

步骤05 将会弹出一个对话框，系统会提示用户该素材正在被使用，然后单击【删除】按钮，如图2-55所示。

步骤06 该素材文件将会从【项目】面板中被删除，同时该素材也将从合成影像中被删除，如图2-56所示。

图2-55　提示正在被使用

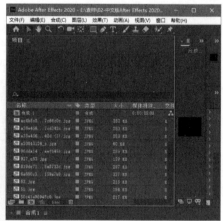

图2-56　从合成影像中删除

同步训练——修改和查看素材参数

在通过上机实战案例的学习后，为增强读者的动手能力，下面安排一个同步训练案例，让读者达到举一反三、触类旁通的学习效果。

图解流程

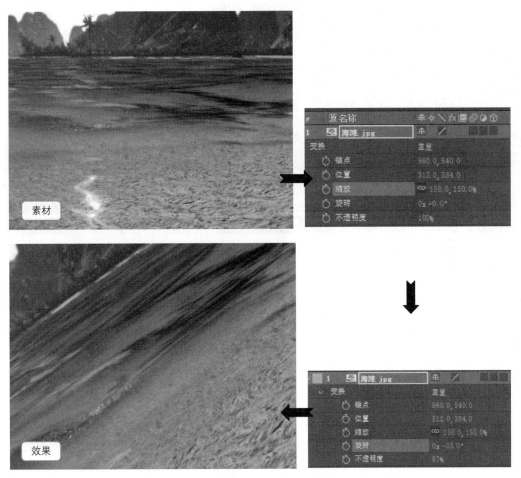

素材

效果

思路分析

完成添加素材文件后，使用After Effects 2020的用户可以进行进一步的修改和查看素材参数，如修改缩放、旋转等参数。

本例首先新建一个合成，接下来导入准备进行查看和修改参数的素材，最后进行详细的参数修改，完成效果制作。

关键步骤

步骤01 打开【合成设置】对话框，设置【合成名称】为【合成1】，在【预设】下拉列表框中选择【自定义】选项，设置宽度为1024px，高度为768px，设置【像素长宽比】为【方形像素】，设置【帧速率】为25，设置【持续时间】为5秒，最后单击【确定】按钮，如图2-57所示。

步骤02 在创建完合成后，在菜单栏中选择【文件】→【导入】→【文件】命令，如图2-58所示。

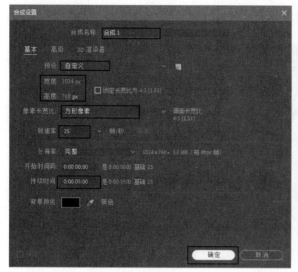

图 2-57　设置合成参数　　　　　　　　　　　图 2-58　选择【文件】命令

步骤03　在弹出的【导入文件】对话框中，选择"素材文件\第2章\海滩.jpg"，然后单击【导入】按钮，如图2-59所示。

步骤04　完成导入素材文件后，将【项目】面板中的素材文件拖曳到【时间轴】面板中，如图2-60所示。

步骤05　调整素材的基本参数。然后开启【变换】项并设置其缩放参数为150，如图2-61所示。

步骤06　继续调整素材的基本参数。设置旋转参数为0x-35°，如图2-62所示。

步骤07　可以看到【合成】面板中的图像已经发生了变化，这样就完成了修改和查看素材参数的操作，如图2-63所示。

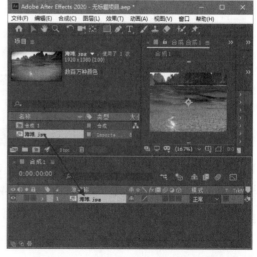

图 2-59　选择素材文件　　　　　　　　　　图 2-60　拖曳到【时间轴】面板中

图 2-61　设置缩放参数

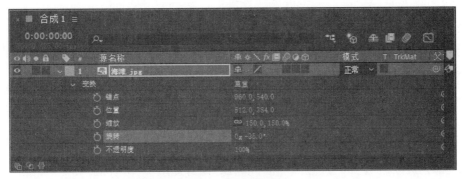

图 2-62　设置旋转参数

图 2-63　【合成】面板中的素材效果

知识能力测试

本章讲解了素材的添加与管理，为对知识进行巩固和考核，接下来布置相应的练习题。

一、填空题

1. 很多文件格式都可以作为_____来存储，如 JPEG、BMP 等，但一般都存储为 TGA 序列。相比其他格式，TGA 是最重要的序列格式。

2. 选择序列文件，单击【导入】按钮后，会弹出_____对话框。

3．使用 After Effects 2020 软件，在一个项目里可以支持多个项目文件编辑，可以把项目文件当作_____进行编辑。

4．在【项目】面板中，素材文件的类型有_____、图片素材、_____、视频素材等，为了便于对合成素材的管理，可将其进行归类整理操作。

二、选择题

1．导入所有图层是将分层 PSD 文件作为合成导入 After Effects 中，合成中的层遮挡顺序与 PSD 在 Photoshop 中的（　　　）。

    A．相同　　　　　　　　　　　　B．不相同

    C．相似　　　　　　　　　　　　D．相反

2．将导入的指定图层素材添加到合成项目后，会（　　　）保持 Photoshop 的层信息。

    A．不完全　　　　　　　　　　　B．完全

    C．全面　　　　　　　　　　　　D．整体

3．在【项目】面板中可以看到完成导入的（　　　），包括文件夹、合成文件及视频文件等。

    A．部分素材　　　　　　　　　　B．所有文件

    C．所有素材　　　　　　　　　　D．所有资料

4．在进行视频处理的过程中，如果导入 After Effects 2020 软件中的素材不理想，可以通过（　　　）方式来修改。

    A．修改　　　　　　　　　　　　B．替换

    C．删除　　　　　　　　　　　　D．重命名

三、简答题

1．请简单回答添加合成素材的方法有哪些，如何添加素材？

2．使用 PSD 文件进行编辑，主要的优势是什么？如何导入合并图层？

2020
After Effects

图层是After Effects中比较基础的内容，需要熟练掌握。本章通过讲解在After Effects中创建、编辑图层，使读者掌握各种图层的使用方法。用户可以创建多种图层类型，通过这些图层可以模拟很多效果。

学习目标

- 认识并学会图层的基本知识
- 熟练掌握图层的基本操作
- 熟练掌握图层的变换属性
- 熟练掌握图层的混合模式
- 熟练掌握创建设置合成的方法
- 熟练掌握创建图层信息的方法

认识图层

After Effects 是一款层级式的影视后期处理软件，所以"层"的概念贯穿整个软件，本节将详细介绍有关图层的基本概念、类型及创建方法等相关知识。

3.1.1 图层的基本概念

在 After Effects 中，无论是创作合成动画，还是进行特效处理等操作，都离不开图层。因此，制作动态影像的第一步就是了解和掌握图层。【时间轴】面板中的素材都是以图层的方式按照上下关系依次排列组合的，如图 3-1 所示。

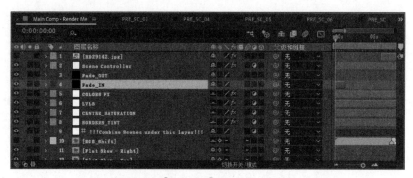

图 3-1 【时间轴】面板中的素材

可以将 After Effects 软件中的图层想象为一层层叠放的透明胶片，上一层有内容的地方将遮盖住下一层的内容，上一层没有内容的地方则露出下一层的内容，上一层的部分处于半透明状态时，将依据半透明程度混合显示下层内容。这是图层最简单、最基本的概念。图层与图层之间还存在更复杂的合成组合关系，如叠加模式、蒙版合成方式等。

3.1.2 图层的类型

在 After Effects 中有很多种图层类型，不同的类型适用于不同的操作环境。有些图层用于绘图，有些图层用于影响其他图层的效果，有些图层用于带动其他图层运动等。

能够用在 After Effects 中的合成元素非常多，这些合成元素体现为各种图层，在这里将其归纳为以下 9 种。

① 【项目】面板中的素材（包括声音素材）。

② 项目中的其他合成。

③ 文字图层。

④ 纯色层、摄影机层和灯光层。

⑤ 形状图层。

⑥ 调整图层。

⑦ 已经存在图层的复制层（即副本图层）。

⑧ 拆分的图层。

⑨ 空对象图层。

3.1.3 图层的创建方法

在After Effects中进行合成操作时，每个导入合成图像的素材都会以图层的形式出现在合成中。当制作一个复杂效果时，往往会应用到大量的图层，从而使制作过程更顺利，创建图层的方法通常有以下两种，下面将分别予以详细介绍。

1. 通过菜单栏创建

在菜单栏中选择【图层】→【新建】命令，然后在展开的子菜单中可以选择要创建的图层类型，如图3-2所示。

图3-2 通过菜单栏创建图层

2. 通过【时间轴】面板创建

在【时间轴】面板中右击，然后在弹出的快捷菜单中选择【新建】命令，此时就可以在展开的子菜单中选择要创建的图层类型，如图3-3所示。

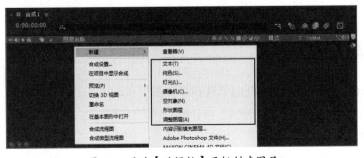

图3-3 通过【时间轴】面板创建图层

图层的基本操作

使用After Effects制作特效和动画时，它的直接操作对象就是图层，无论是创建合成、动画还是特效，都离不开图层，本节将详细介绍一些图层的基本操作方法。

3.2.1 调整图层顺序

在【时间轴】面板中选择图层，上下拖曳到适当的位置，可以改变图层顺序。拖曳时注意观察蓝色水平线的位置，如图3-4所示。

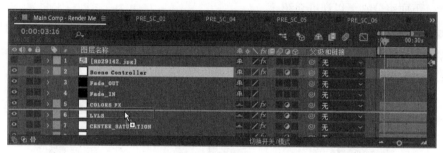

图3-4　调整图层顺序

在【时间轴】面板中选择层，通过菜单和快捷键也可以进行调整图层顺序的操作，移动上下层位置的方法如下。

① 选择【图层】→【排列】→【将图层置于顶层】命令或按【Ctrl+Shift+]】快捷键，可以将图层移到最上方。

② 选择【图层】→【排列】→【使图层前移一层】命令或按【Ctrl+]】快捷键，可以将图层往上移一层。

③ 选择【图层】→【排列】→【使图层后移一层】命令或按【Ctrl+[】快捷键，可以将图层往下移一层。

④ 选择【图层】→【排列】→【将图层置于底层】命令或按【Ctrl+Shift+ [】快捷键，可以将图层移到最下方。

3.2.2 选择图层的多种方法

在After Effects 2020中，选择图层包括选择单个图层和选择多个图层的操作。选择单个图层和选择多个图层也有多种方法，下面将分别予以详细介绍。

1. 选择单个图层

在After Effects 2020中，选择单个图层的方法有以下3种，下面分别予以详细介绍。

方法1：在【时间轴】面板中单击要选择的图层，如图3-5所示。

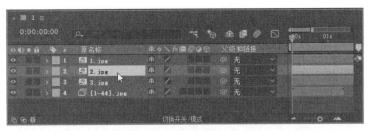

图3-5 单击要选择的图层

方法2：在键盘中的小数字键盘中按图层对应的数字键即可选择相应的图层。如图3-6所示为按【3】键，那么选择的就是图层3的素材。

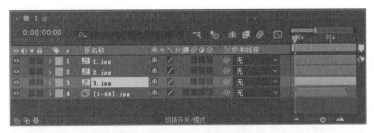

图3-6 选择图层3的素材

方法3：在当前未选择任何图层的情况下，在【合成】面板中单击准备选择的图层，此时在【时间轴】面板中可以看到相应图层已被选择，如图3-7所示为选择图层1时的界面效果。

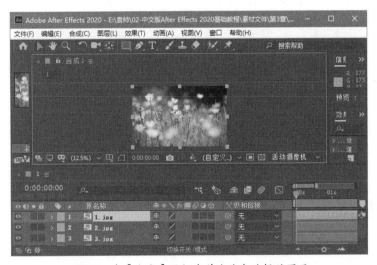

图3-7 在【合成】面板中单击准备选择的图层

2. 选择多个图层

在After Effects中，选择多个图层的方法有以下3种，下面分别予以详细介绍。

方法1：在【时间轴】面板中将光标定位在空白区域，按住鼠标左键向上拖曳即可框选图层，如图3-8所示。

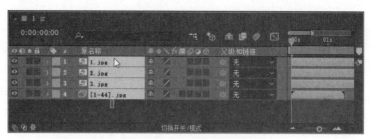

图3-8　按住鼠标左键向上拖曳

方法2：在【时间轴】面板中按住【Ctrl】键，依次单击相应图层即可加选这些图层，如图3-9所示。

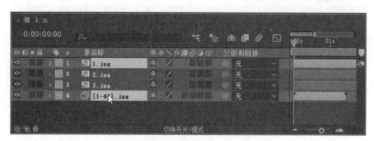

图3-9　按住【Ctrl】键的同时单击

方法3：在【时间轴】面板中按住【Shift】键的同时，依次单击起始图层和结束图层，即可连续选择这两个图层和这两个图层之间的所有图层，如图3-10所示。

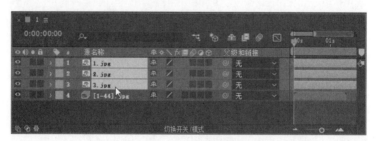

图3-10　按住【Shift】键的同时单击

3.2.3　创建图层副本

在使用 After Effects 2020 的过程中，经常会用到创建图层副本的操作，这能够节省大量重复操作的时间，下面详细介绍相关的操作方法。

1. 复制与粘贴图层

在【时间轴】面板中单击需要进行复制的图层，然后使用复制图层的快捷键【Ctrl+C】和粘贴图层的快捷键【Ctrl+V】，即可复制得到图层副本，如图3-11所示。

图3-11 复制与粘贴图层

2. 快速创建图层副本

在【时间轴】面板中单击需要复制的图层，然后使用创建副本快捷键【Ctrl+D】即可得到图层副本，如图3-12所示。

图3-12 快速创建图层副本

3.2.4 合并多个图层

After Effects 并不像 Photoshop 那样合并图层，而是预合成，就是把几个图层组合成一个新的合成，下面详细介绍合并多个图层的操作方法。

步骤01 打开"素材文件\第3章\合并图层.aep"，在【时间轴】面板中选择需要合成的图层，并右击，在弹出的快捷菜单中选择【预合成】命令，如图3-13所示。

步骤02 弹出【预合成】对话框，在【新合成名称】文本框中设置新合成名称，单击【确定】按钮，如图3-14所示。

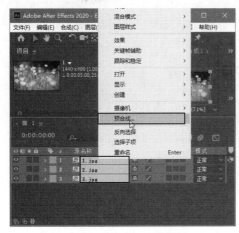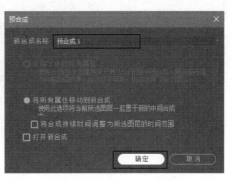

图3-13 选择【预合成】命令　　　　图3-14 设置新合成名称

步骤03 此时可以在【时间轴】面板中看到预合成的图层，这样就完成了合并多个图层的操作，如图3-15所示。

图3-15 预合成的图层

技能拓展

如果想要重新调整预合成之前的某一个图层，只需要双击预合成图层即可单独进行调整。

3.2.5 拆分与删除图层

在使用After Effects 2020软件进行工作时，经常会用到图层的拆分与删除操作，下面分别详细介绍相关的操作方法。

1. 拆分图层

拆分图层就是将一个图层在指定的时间处，拆分为多段图层。下面详细介绍拆分图层的操作方法。

步骤01 打开"素材文件\第3章\图层的拆分与删除.aep"，选择需要拆分的图层，然后在【时间轴】面板中将当前时间指示滑块拖曳到需要分离的位置，如图3-16所示。

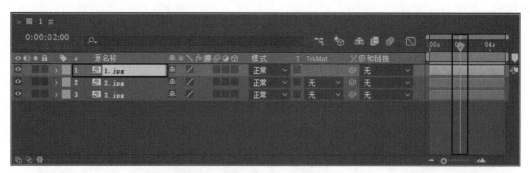

图3-16 定位要拆分的图层与位置

步骤02 在菜单栏中选择【编辑】→【拆分图层】命令，或者按【Ctrl+Shift+D】快捷键，如图3-17所示。

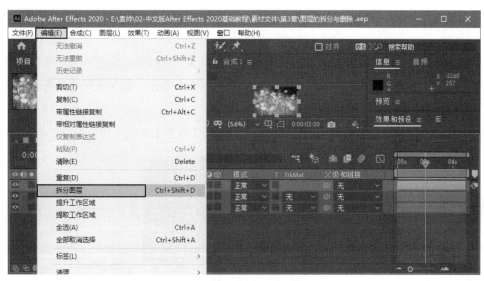

图 3-17 选择【拆分图层】命令

步骤03 可以看到已经把图层在当前时间处分离开了，这样即可完成拆分图层的操作，如图 3-18 所示。

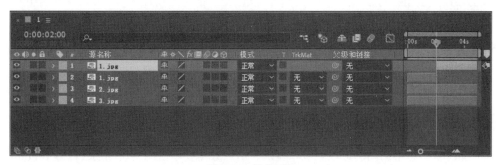

图 3-18 拆分图层

2. 删除图层

在【时间轴】面板中单击选择一个或多个需要删除的图层，然后按【Backspace】键或【Delete】键，即可删除选择的图层，如图 3-19 所示。

 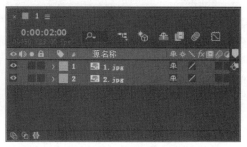

图 3-19 删除图层

3.2.6 对齐和分布图层

如果需要对图层在【合成】面板中的空间关系进行快速对齐操作，除了使用选择工具手动拖曳外，还可以使用【对齐】面板对选择的层进行自动对齐和分布操作。最少选择两个图层才能进行对齐操作，最少选择三个图层才可以进行分布操作。

在菜单栏中选择【窗口】→【对齐】命令，即可打开【对齐】面板，如图3-20所示。

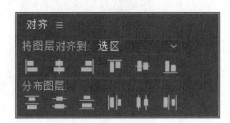

图3-20　【对齐】面板

- 【将图层对齐到】组：对图层进行对齐操作，从左至右依次为左对齐、垂直居中对齐、右对齐、顶对齐、水平居中对齐、底对齐。
- 【分布图层】组：对图层进行分布操作，从左至右依次为垂直居顶分布、垂直居中分布、垂直居底分布、水平居左分布、水平居中分布、水平居右分布。

在进行对齐或分布操作之前，注意要调整好各图层之间的位置关系。在进行对齐或分布操作时要基于图层的位置进行对齐，而不是图层在时间轴上的先后顺序。

3.2.7 隐藏和显示图层

After Effects 2020中的图层可以隐藏和显示。用户只需要单击图层左侧的【隐藏】按钮，即可将图层隐藏和显示，并且【合成】面板中的素材也会随之产生显示和隐藏变化，如图3-21所示。

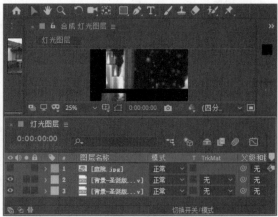

图3-21　隐藏和显示图层

当【时间轴】面板的图层数量较多时，会经常单击【隐藏】按钮 ，并观察【合成】面板效果，用于判断某个图层是否为需要寻找的图层。

3.2.8 设置图层时间

设置图层时间时，可以使用时间设置栏对时间出入点进行精确设置，也可以使用手动方式来对图层进行直观的操作，主要有以下两种方法。

- 在【时间轴】面板的时间出入点栏的出入点数字上拖曳鼠标左键或单击这些数字，然后在弹出的对话框中直接输入数字来改变图层的出入点时间，如图 3-22 所示。

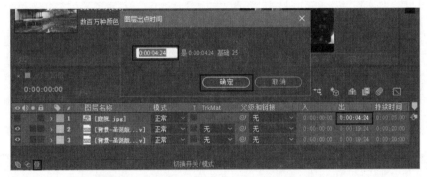

图 3-22 直接输入数字来改变图层的出入点时间

- 在【时间轴】面板的图层时间栏中，通过在时间标尺上拖曳图层的出入点位置进行设置，如图 3-23 所示。

图 3-23 拖曳图层的出入点位置进行设置

3.2.9 序列图层

使用【序列图层】命令可自动排列图层。在【时间轴】面板中依次选择作为序列图层的图层，然后在菜单栏中选择【动画】→【关键帧辅助】→【序列图层】命令，打开【序列图层】对话框，如图 3-24 所示。

图3-24 【序列图层】对话框

序列图层参数的介绍如下。

- 重叠：用来设置是否执行图层的交叠。
- 持续时间：主要用来设置图层之间相互交叠的时间。
- 过渡：主要用来设置交叠部分的过渡方式。

使用【序列图层】命令之后，图层会依次排列，如图3-25所示。

图3-25 使用【序列图层】命令后图层依次排列

课堂范例——制作倒计时动画

本例主要使用了【序列图层】命令，通过对本例的学习，读者可以充分理解和掌握图层排序的操作方法。

步骤01 在菜单栏中选择【合成】→【新建合成】命令，然后在弹出的对话框中，设置宽度为850px、高度为567px，持续时间为8秒，单击【确定】按钮，如图3-26所示。

步骤02 在菜单栏中选择【文件】→【导入】→【文件】命令，将素材文件"素材文件\第3章\倒计时动画\胶片.jpg和1.png~8.png"导入【项目】面板中，然后新建一个名为"数字"的文件夹，将导入的8张PNG图像拖曳到"数字"文件夹中，如图3-27所示。

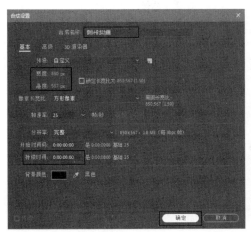

图 3-26 设置合成

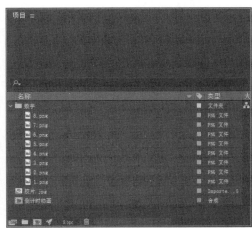

图 3-27 导入文件

步骤03 将图像素材拖曳到【时间轴】面板中，使之成为图层，然后将"胶片.jpg"放置在最底层，如图 3-28 所示。

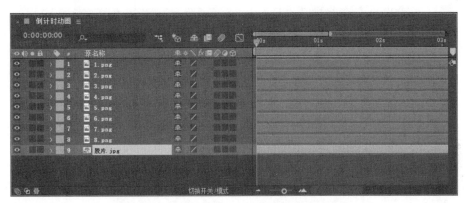

图 3-28 将图像素材拖曳到【时间轴】面板中

步骤04 选择所有的 PNG 图像，然后将图层时间设置为 1 秒，如图 3-29 所示。

步骤05 在菜单栏中选择【动画】→【关键帧辅助】→【序列图层】命令，如图 3-30 所示。

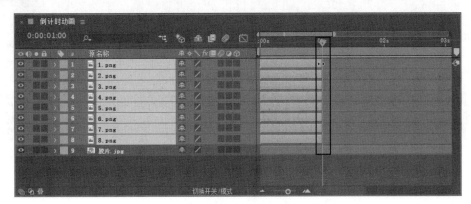

图 3-29 将图层时间设置为 1 秒

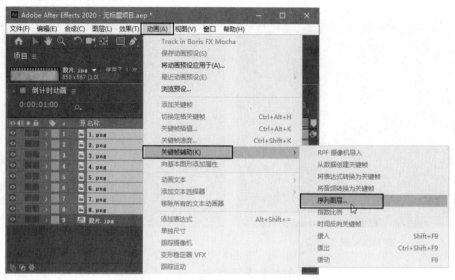

图 3-30 选择【序列图层】命令

步骤 06 在弹出的【序列图层】对话框中，单击【确定】按钮，如图 3-31 所示。

图 3-31 【序列图层】对话框

步骤 07 此时，可以看到这 8 个 PNG 图层会依次排列，这样即可完成制作倒计时动画的操作，如图 3-32 所示。

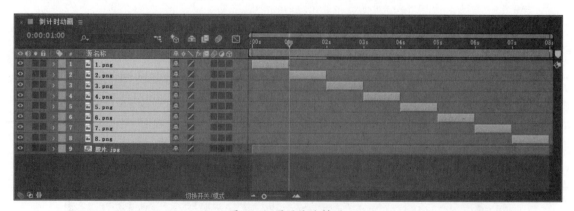

图 3-32 图层依次排列

3.3 图层的变换属性

展开一个图层，在没有添加遮罩或任何特效的情况下，只有一个变换属性组，包含了图层最重要的5个属性，在制作动画特效时占据着非常重要的地位。

3.3.1 修改锚点属性制作变换效果

无论一个图层的面积多大，当其位置移动、旋转和缩放时，都是依据一个点来操作的，这个点就是锚点。

打开"素材文件\第3章\锚点属性.aep"，选择需要的图层，然后按【A】键即可打开锚点属性，如图3-33所示。

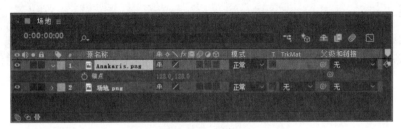

图 3-33 打开锚点属性

以锚点为基准，如图3-34所示。例如，旋转操作如图3-35所示，缩放操作如图3-36所示。

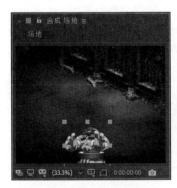  

图 3-34 以锚点为基准　　　图 3-35 旋转操作　　　图 3-36 缩放操作

3.3.2 修改位置属性制作变换效果

位置属性主要用来制作图层的位移动画，下面详细介绍位置属性的相关知识。

打开"素材文件\第3章\位置属性.aep"，选择需要的图层，按【P】键即可打开位置属性，如图3-37所示。以锚点为基准，如图3-38所示。

图 3-37　打开位置属性　　　　　　　　　　图 3-38　以锚点为基准

在图层的位置属性后方的数值上拖曳鼠标（或直接输入需要的数值）可设置位置属性，如图 3-39 所示。释放鼠标后，效果如图 3-40 所示。普通二维图层的位置属性由 x 轴向和 y 轴向两个参数组成，如果是三维图层，则由 x 轴向、y 轴向和 z 轴向 3 个参数组成。

图 3-39　设置位置属性　　　　　　　　　　图 3-40　设置后的效果

技能拓展

在制作位置动画时，为了保持移动时的方向，可以在菜单栏中选择【图层】→【变换】→【自动定向】命令，系统会弹出【自动定向】对话框，在其中选中【沿路径方向】单选按钮，再单击【确定】按钮即可。

3.3.3 修改缩放属性制作变换效果

缩放属性可以以锚点为基准来改变图层的大小。下面详细介绍缩放属性的相关知识。

打开"素材文件\第 3 章\缩放属性.aep"，选择需要的图层，按【S】键即可打开缩放属性，如图 3-41 所示。以锚点为基准，如图 3-42 所示。

图 3-41　打开缩放属性　　　　　　　　　　图 3-42　以锚点为基准

在图层的缩放属性后面的数值上拖曳鼠标（或直接输入需要的数值）可设置缩放属性，如图 3-43 所示。释放鼠标后，效果如图 3-44 所示。普通二维图层缩放属性由 x 轴向和 y 轴向两个参数组成，如果是三维图层，则由 x 轴向、y 轴向和 z 轴向 3 个参数组成。

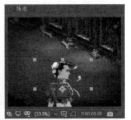

图 3-43　设置缩放属性　　　　　　图 3-44　设置后的效果

3.3.4　修改旋转属性制作变换效果

旋转属性是以锚点为基准旋转图层。下面详细介绍旋转属性的相关知识。

打开"素材文件\第 3 章\旋转属性 .aep"，选择需要的图层，按【R】键即可打开旋转属性，如图 3-45 所示。以锚点为基准，如图 3-46 所示。

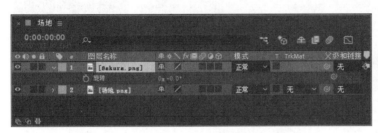

图 3-45　打开旋转属性　　　　　　图 3-46　以锚点为基准

在图层的旋转属性后方的数值上拖曳鼠标（或单击输入需要的数值）可设置旋转属性，如图 3-47 所示。释放鼠标后，效果如图 3-48 所示。普通二维图层旋转属性由圈数和度数两个参数组成，如 "1x+12°"。

如果是三维图层，旋转属性将增加为 3 个：方向可以同时设定 x、y、z 三个轴向。x 轴旋转仅调整 x 轴向旋转，y 轴旋转仅调整 y 轴向旋转，z 轴旋转仅调整 z 轴向旋转。

图 3-47　设置旋转属性　　　　　　图 3-48　设置后的效果

3.3.5 修改不透明度属性制作变换效果

不透明度属性是以百分比的方式来调整图层的不透明度。下面详细介绍不透明度属性的相关知识。

打开"素材文件\第3章\不透明度属性.aep",选择需要的图层,按【T】键即可打开不透明度属性,如图3-49所示。以锚点为基准,如图3-50所示。

图3-49　打开不透明度属性　　　　　图3-50　以锚点为基准

在图层的不透明度属性后方的数值上拖曳鼠标(或单击输入需要的数值)可设置不透明度属性,如图3-51所示。释放鼠标后,效果如图3-52所示。

 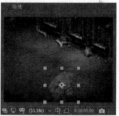

图3-51　设置不透明度属性　　　　　图3-52　设置后的效果

　　在一般情况下,每按一次图层属性的快捷键只能显示一种属性。如果要一次显示两种或两种以上的图层属性,可以在显示一个图层属性的前提下首先按住【Shift】键,然后再选其他图层属性的快捷键。这样就可以显示出图层的多个属性。

图层的混合模式

After Effects 2020提供了丰富的图层混合模式,用来定义当前图层与底图的作用模式。所谓图层混合就是将一个图层与其下面的图层发生叠加,以产生特殊的效果,最终将该效果显示在视频【合成】面板中。

本节将通过两个素材文件来详细讲解After Effects 2020的混合模式,一个作为底图素材图层,如图3-53所示；另一个作为叠加图层的源素材，如图3-54所示。

图3-53 底图素材图层　　　　　　　图3-54 叠加图层的源素材

3.4.1 打开混合模式选项

在After Effects 2020中，显示或隐藏混合模式选项的主要方法有以下两种。

第1种：在【时间轴】面板中，单击【切换开关/模式】按钮进行切换，可以显示或隐藏混合模式选项，如图3-55所示。

图3-55 单击【切换开关/模式】按钮

第2种：在【时间轴】面板中，按【F4】键即可调出图层的叠加模式面板，如图3-56所示。

图3-56 调出图层的叠加模式面板

3.4.2 使用普通模式制作特殊效果

普通模式主要包括"正常"模式、"溶解"模式和"动态抖动溶解"模式3个混合模式。在没有不透明度影响的前提下，这种类型的混合模式产生的最终效果的颜色不会受底层像素颜色的影响，除非图层像素的不透明度小于源图层。下面将分别予以详细介绍。

1. "正常"模式

"正常"模式是After Effects 2020的默认模式，当图层的不透明度为100%时，合成将根据

Alpha通道正常显示当前图层，并且不受其他图层的影响，如图3-57所示。当图层的不透明度小于100%时，当前图层的每个像素点的颜色将受到其他图层的影响。

图3-57　"正常"模式

2. "溶解"模式

在图层有羽化边缘或不透明度小于100%时，"溶解"模式才起作用。"溶解"模式是在上层选取部分像素，然后采用随机颗粒图案的方式用下层像素来取代，上层的不透明度越低，溶解效果越明显，如图3-58所示。

图3-58　"溶解"模式

3. "动态抖动溶解"模式

"动态抖动溶解"模式和"溶解"模式的原理相似，只不过"动态抖动溶解"模式可以随时更新随机值，而"溶解"模式的颗粒随机值是不变的。

3.4.3　使用变暗模式制作特殊效果

变暗模式包括"变暗"、"相乘"、"颜色加深"、"经典颜色加深"、"线性加深"和"较深的颜色"等6个混合模式。这种类型的混合模式都可以使图像的整体颜色变暗。下面将分别予以详细介绍。

1. "变暗"模式

"变暗"模式是通过比较源图层和底图层的颜色亮度来保留较暗的颜色部分。比如一个全黑的图层和任何图层的变暗叠加效果都是全黑的，而白色图层和任何颜色图层的变暗叠加效果都是透明的，如图3-59所示。

图 3-59　"变暗"模式

2. "相乘"模式

"相乘"模式是一种减色模式，它将基色与叠加色相乘，形成一种光线透过两张叠加在一起的幻灯片效果。任何颜色与黑色相乘都将产生黑色，与白色相乘都将保持不变，而与中间的亮度颜色相乘，可以得到一种更暗的效果，如图 3-60 所示。

图 3-60　"相乘"模式

3. "颜色加深"模式

"颜色加深"模式是通过增加对比度来使颜色变暗（如果叠加色为白色，则不产生变化），以反映叠加色，如图 3-61 所示。

图 3-61　"颜色加深"模式

4. "经典颜色加深"模式

"经典颜色加深"模式是通过增加对比度来使颜色变暗，以反映叠加色，它要优于"颜色加深"模式，如图 3-62 所示。

图 3-62　"经典颜色加深"模式

5."线性加深"模式

"线性加深"模式是比较基色和叠加色的颜色信息，通过降低基色的亮度来反映叠加色。与"相乘"模式相比，"线性加深"模式可以产生一种更暗的效果，如图 3-63 所示。

图 3-63　"线性加深"模式

6."较深的颜色"模式

"较深的颜色"模式与"变暗"模式效果相似，略有区别的是该模式不对单独的颜色通道起作用。

3.4.4　使用变亮模式制作特殊效果

变亮模式包括"相加"、"变亮"、"屏幕"、"颜色减淡"、"线性减淡"、"经典颜色减淡"和"较浅的颜色"等7个混合模式。这种类型的混合模式都可以使图像的整体颜色变亮。下面将分别予以详细介绍。

1."相加"模式

"相加"模式是将上下层对应的像素进行加法运算，可以使画面变亮，如图3-64所示。

图 3-64　"相加"模式

2．"变亮"模式

"变亮"模式与"变暗"模式相反，它可以查看每个通道中的颜色信息，并选择基色和叠加色中较亮的颜色作为结果色（比叠加色暗的像素将被替换掉，而比叠加色亮的像素将保持不变），如图 3-65 所示。

图 3-65　"变亮"模式

3．"屏幕"模式

"屏幕"模式是一种加色混合模式，与"相乘"模式相反，可以将叠加色的互补色与基色相乘，以得到一种更亮的效果，如图 3-66 所示。

图 3-66　"屏幕"模式

4．"颜色减淡"模式

"颜色减淡"模式是通过减小对比度来使颜色变亮，以反映叠加色（如果与黑色叠加则不发生变化），如图 3-67 所示。

图 3-67　"颜色减淡"模式

5．"线性减淡"模式

"线性减淡"模式可以查看每个通道的颜色信息，并通过增加亮度来使基色变亮，以反映叠加色（如果与黑色叠加则不发生变化），如图 3-68 所示。

图 3-68 "线性减淡"模式

6. "经典颜色减淡"模式

"经典颜色减淡"模式是通过减小对比度来使颜色变亮,以反映叠加色,其效果要优于"颜色减淡"模式。

7. "较浅的颜色"模式

"较浅的颜色"模式可以使混合图层较亮的区域保留,其他部分则被替换,如图3-69所示。

图 3-69 "较浅的颜色"模式

3.4.5 使用叠加模式制作特殊效果

叠加模式主要包括"叠加"、"柔光"、"强光"、"线性光"、"亮光"、"点光"和"纯色混合"等7个混合模式。在使用这种类型的混合模式时,都需要比较源图层颜色和底层颜色的亮度是否低于50%的灰度,然后根据不同的叠加模式创建不同的混合效果。下面将分别予以详细介绍。

1. "叠加"模式

"叠加"模式可以增强图像的颜色,并保留底层图像的高光和暗调,如图3-70所示。"叠加"模式对中间色调的影响比较明显,对于高亮度区域和暗调区域的影响不大。

图 3-70 "叠加"模式

2."柔光"模式

"柔光"模式可以使颜色变亮或变暗（具体效果取决于叠加色），这种效果与发散的聚光灯照在图像上的效果很相似，如图3-71所示。

图3-71　"柔光"模式

3."强光"模式

使用"强光"模式时，在当前图层中，比50%灰色亮的像素会使图像变亮；比50%灰色暗的像素会使图像变暗。这种模式产生的效果与耀眼的聚光灯照在图像上的效果很相似，如图3-72所示。

图3-72　"强光"模式

4."线性光"模式

"线性光"模式可以通过减小或增大亮度来加深或减淡颜色，具体效果取决于叠加色，如图3-73所示。

图3-73　"线性光"模式

5."亮光"模式

"亮光"模式可以通过增大或减小对比度来加深或减淡颜色，具体效果取决于叠加色，如图3-74所示。

图 3-74 "亮光"模式

6. "点光"模式

"点光"模式可以替换图像的颜色。如果当前图层中的像素比 50% 灰色亮，则替换暗的像素；如果当前图层中的像素比 50% 灰色暗，则替换亮的像素。这对图像添加特效非常有用，如图 3-75 所示。

图 3-75 "点光"模式

7. "纯色混合"模式

在使用"纯色混合"模式时，如果当前图层中的像素比 50% 灰色亮，则会使底层图像变亮；如果当前图层中的像素比 50% 灰色暗，则会使底层图像变暗。这种模式通常会使图像产生色调分离的效果，如图 3-76 所示。

图 3-76 "纯色混合"模式

3.4.6 使用差值模式制作特殊效果

差值模式包括"差值"、"经典差值"、"排除"、"相减"和"相除"等 5 个混合模式。这种类型的混合模式都是基于源图层和底层的颜色值来产生差异效果。下面将分别予以详细介绍。

1. "差值"模式

"差值"模式可以从基色中减去叠加色或从叠加色中减去基色,具体情况取决于哪个颜色的亮度值更高,如图3-77所示。

图3-77 "差值"模式

2. "经典差值"模式

"经典差值"模式可以从基色中减去叠加色或从叠加色中减去基色,其效果要优于"差值"模式,如图3-78所示。

图3-78 "经典差值"模式

3. "排除"模式

"排除"模式与"差值"模式比较相似,但是该模式可以创建出对比度更低的叠加效果,如图3-79所示。

图3-79 "排除"模式

4. "相减"模式

"相减"模式是从基础颜色中减去源颜色,如果源颜色是黑色,则结果颜色是基础颜色,如图3-80所示。

图 3-80　"相减"模式

5. "相除"模式

"相除"模式是基础颜色除以源颜色，如果源颜色是白色，则结果颜色是基础颜色，如图 3-81 所示。

图 3-81　"相除"模式

3.4.7　使用色彩模式制作特殊效果

色彩模式包括"色相"、"饱和度"、"颜色"和"发光度"等 4 个混合模式。这种类型的混合模式会改变颜色的一个或多个色相、饱和度和不透明度值。下面将分别予以详细介绍。

1. "色相"模式

"色相"模式可以将当前图层的色相应用到底层图像的亮度和饱和度中，可以改变底层图像的色相，但不会影响其亮度和饱和度。对于黑色、白色和灰色区域，该模式将不起作用，如图 3-82 所示。

图 3-82　"色相"模式

2."饱和度"模式

"饱和度"模式可以将当前图层的饱和度应用到底层图像的亮度和饱和度中，可以改变底层图像的饱和度，但不会影响其亮度和色相，如图3-83所示。

图 3-83 "饱和度"模式

3."颜色"模式

"颜色"模式可以将当前图层的色相与饱和度应用到底层图像中，但保持底层图像的亮度不变，如图3-84所示。

图 3-84 "颜色"模式

4."发光度"模式

"发光度"模式可以将当前图层的亮度应用到底层图像的颜色中，可以改变底层图像的亮度，但不会对其色相和饱和度产生影响，如图3-85所示。

图 3-85 "发光度"模式

3.4.8 使用蒙版模式制作特殊效果

蒙版模式包括"蒙版Alpha"、"模板亮度"、"轮廓Alpha"和"轮廓亮度"4个叠加模式。这种类型的混合模式可以将源图层转换为底层的一个遮罩。下面将分别予以详细介绍。

1. "蒙版 Alpha" 模式

"蒙版Alpha"模式可以穿过蒙版层的Alpha通道来显示多个图层，如图3-86所示。

图 3-86 "蒙版Alpha"模式

2. "模板亮度" 模式

"模板亮度"模式可以穿过蒙版层的像素亮度来显示多个图层，如图3-87所示。

图 3-87 "模板亮度"模式

3. "轮廓 Alpha" 模式

"轮廓Alpha"模式可以通过源图层的Alpha通道来影响底层图像，使受到影响的区域被剪切掉，如图3-88所示。

图 3-88 "轮廓Alpha"模式

4. "轮廓亮度" 模式

"轮廓亮度"模式可以通过源图层上的像素亮度来影响底层图像，使受到影响的像素被部分剪切或被全部剪切掉，如图3-89所示。

图 3-89 "轮廓亮度"模式

3.4.9 使用共享模式制作特殊效果

共享模式主要包括"Alpha添加"和"冷光预乘"两个混合模式。这种类型的混合模式都可以使底层与源图层的Alpha通道或透明区域像素产生相互作用。下面将分别予以详细介绍。

1. "Alpha添加"模式

"Alpha添加"模式可以使底层与源图层的Alpha通道共同建立一个无痕迹的透明区域，如图3-90所示。

图 3-90 "Alpha添加"模式

2. "冷光预乘"模式

"冷光预乘"模式可以使源图层的透明区域像素与底层产生相互作用，使边缘产生透镜和光亮效果，如图3-91所示。

图 3-91 "冷光预乘"模式

资源下载码：A85E41。

课堂范例——制作"夜景中的人"

本例要制作一个人与夜景融合的奇幻效果，只需要修改图层的模式即可完成，下面详细介绍其操作方法。

步骤01 在项目面板的空白位置处右击，在弹出的快捷菜单中选择【新建合成】命令，如图3-92所示。

步骤02 在弹出的【合成设置】对话框中设置【合成名称】，【预设】为【自定义】，【宽度】为1500px，【高度】为1000px，【像素长宽比】为【方形像素】，【帧速率】为25帧/秒，【分辨率】为【完整】，【持续时间】为5秒，单击【确定】按钮，如图3-93所示。

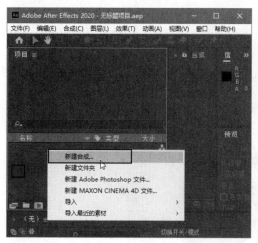

图3-92 选择【新建合成】命令

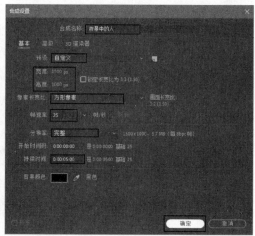

图3-93 设置合成

步骤03 在菜单栏中选择【文件】→【导入】→【文件】命令，如图3-94所示。

步骤04 在弹出的【导入文件】对话框中，打开"素材文件\第3章\素材\人.jpg、夜景.jpg"，单击【导入】按钮，如图3-95所示。

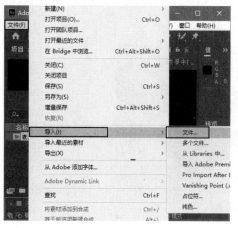

图3-94 选择【文件】命令

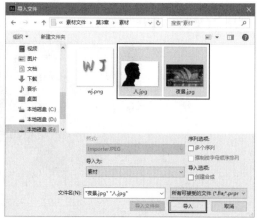

图3-95 导入素材文件

步骤05 在【项目】面板中，将素材文件"人.jpg、夜景.jpg"拖曳到【时间轴】面板中，并将"人.jpg"拖曳到图层的最上方，如图3-96所示。

步骤06 在【时间轴】面板中，单击【切换开关/模式】按钮，设置"人.jpg"图层的【模式】为【屏幕】，然后打开该图层下方的【变换】，设置【不透明度】为90%，如图3-97所示。

图3-96　拖曳素材文件

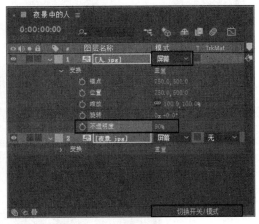

图3-97　设置图层混合模式

步骤07 此时可以在【合成】面板中看到画面效果，如图3-98所示。

步骤08 在【时间轴】面板的空白处右击，在弹出的快捷菜单中选择【新建】→【文本】命令，如图3-99所示。

步骤09 在【字符】面板中设置【字体系列】为Verdana，【字体样式】为Bold，【填充颜色】为紫色，【字体大小】为120，然后单击【字符】面板下方的【仿粗体】按钮，设置完成后在【合成】面板中输入文本"NIGHT"，如图3-100所示。

步骤10 在【时间轴】面板中打开【NIGHT】文本图层下方的【变换】，设置【位置】为（1020.8，837），如图3-101所示。

图3-98　画面效果

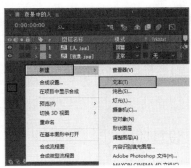

图3-99　新建文本图层

图 3-100 设置字符

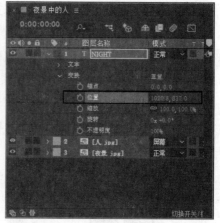

图 3-101 设置图层位置

步骤11　　此时可以在【合成】面板中看到本例的最终效果，这样即可完成制作"夜景中的人"的操作，如图3-102所示。

图 3-102 最终效果

创建设置合成

　　合成是After Effects特效制作中的一个框架，不仅决定了输出文件的分辨率、制式、帧速率和时间等信息，而且所有素材都需要先转换为合成下的图层再进行处理。因此，合成对于特效处理来说是至关重要的。

3.5.1 设置项目

　　After Effects启动后会自动建立一个项目，在任何时候用户都可以建立一个新合成。正确的项目设置可以帮助用户在输出影片时避免发生一些不必要的错误和结果，在菜单栏中选择【文件】→【项目设置】命令，打开【项目设置】对话框，如图3-103所示。

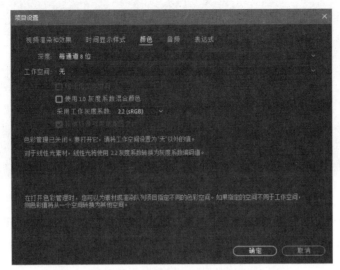

图 3-103 【项目设置】对话框

在【项目设置】对话框中的参数主要分为5个大部分，分别是"视频渲染和效果"、"时间显示样式"、"颜色"、"音频"和"表达式"。其中"颜色"部分是在设置项目时必须要考虑的，因为它决定了导入的素材的颜色将如何被解析，以及最终输出的视频颜色数据将如何被转换。

3.5.2 创建合成

创建合成的方法主要有3种，下面将分别予以详细介绍。

第1种：在菜单栏中选择【合成】→【新建合成】命令即可，如图3-104所示。

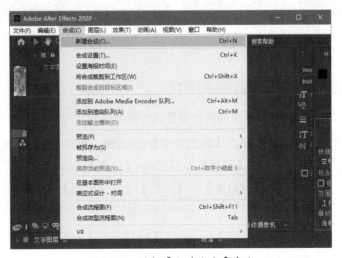

图 3-104 选择【新建合成】命令

第2种：在【项目】面板中单击【新建合成】按钮 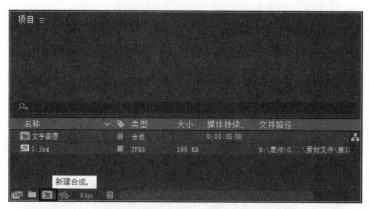 ，如图3-105所示。

图3-105　单击【新建合成】按钮

第3种：按【Ctrl+N】快捷键新建合成。创建合成时，系统会弹出【合成设置】对话框，默认显示"基本"参数设置，如图3-106所示。创建完合成后【项目】面板中就会显示创建的合成文件，如图3-107所示。

图3-106　【合成设置】对话框

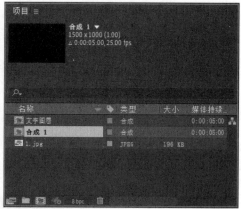

图3-107　创建的合成文件

课堂范例——移动【合成】面板中的素材

通过对本例的学习，读者可以掌握创建设置合成的基本操作。

步骤01　在【项目】面板中单击【新建合成】按钮 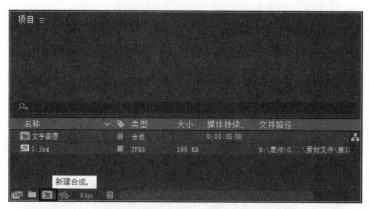 ，在弹出的【合成设置】对话框中设置合成名称，【预设】为【自定义】，【宽度】为1500px，【高度】为1000px，【像素长宽比】为【方形像素】，【帧速率】为25帧/秒，【分辨率】为【完整】，【持续时间】为5秒，单击【确定】按钮完成新建合成，如图3-108所示。

步骤02　在菜单栏中选择【文件】→【导入】→【文件】命令，打开【导入文件】对话框，导入"素材文件\第3章\素材\ink.png、sea.jpg"，如图3-109所示。

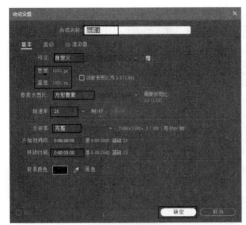

图 3-108　新建合成

图 3-109　导入素材文件

步骤03　将【项目】面板中的素材文件拖曳到【时间轴】面板中，如图 3-110 所示。

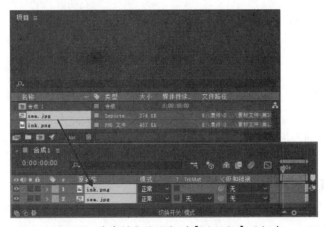

图 3-110　将素材文件拖曳到【时间轴】面板中

步骤04　在【时间轴】面板中打开"ink.png"图层下方的【变换】，设置【缩放】为（50，50%），此时素材会调整到一个合适的大小，如图 3-111 所示。

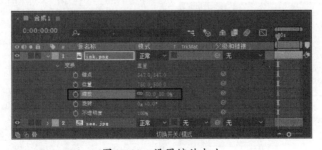

图 3-111　设置缩放大小

步骤05　如果想调整素材位置，可以在【合成】面板中按住鼠标左键进行手电拖曳，此时即可调整素材的位置，如图 3-112 所示。

图 3-112　移动素材的位置

3.6 新建图层信息

在 After Effects 2020 中可以创建很多种图层类型，本节将详细讲解创建文本图层、纯色图层、灯光图层、摄像机图层、空对象图层、形状图层和调整图层，通过这些图层用户可以模拟很多效果，如创建作品背景、创建文字、创建灯光阴影等。

3.6.1 创建文本图层

文本图层可以为作品添加文字效果，如字幕、解说等。下面详细介绍创建文本图层的操作方法。

步骤01　打开"素材文件\第3章\文本图层.aep"，在【时间轴】面板中右击，在弹出的快捷菜单中选择【新建】→【文本】命令，如图3-113所示。

步骤02　执行完命令后，将鼠标移至【合成】面板中，此时鼠标已切换为输入文本状态，单击确定文本位置即可输入文本内容，在【字符】和【段落】面板中用户可以设置合适的字体、字号、对齐方式等相关属性，这样即可完成创建一个文本图层，效果如图3-114所示。

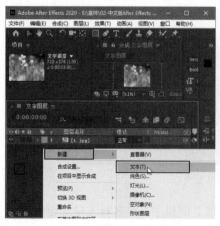

图 3-113　选择【文本】命令

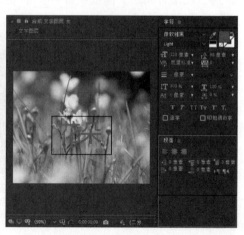

图 3-114　输入并设置文本

3.6.2 创建纯色图层

纯色图层是一种单一颜色的基本图层，因为 After Effects 的效果都是基于"层"上的，所以纯色图层经常会用到，常用于制作纯色背景效果。下面详细介绍创建纯色图层的方法。

步骤01 打开"素材文件\第3章\纯色图层.aep"，在【时间轴】面板中右击，在弹出的快捷菜单中选择【新建】→【纯色】命令，如图3-115所示。

步骤02 弹出【纯色设置】对话框，在【名称】文本框中输入名称，设置大小和颜色，单击【确定】按钮，如图3-116所示。

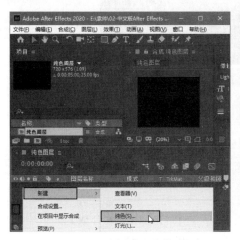

图 3-115　选择【纯色】命令

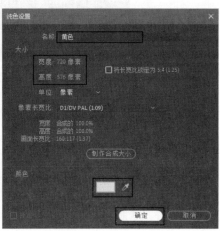

图 3-116　设置纯色图层

步骤03 在【时间轴】面板中可以观察到新建的"黄色"纯色图层，如图3-117所示。

步骤04 在创建第一个纯色图层后，在【项目】面板中会自动出现一个"纯色"文件夹，双击该文件夹即可看到创建的纯色图层，且纯色图层也会在【时间轴】面板中显示，如图3-118所示。

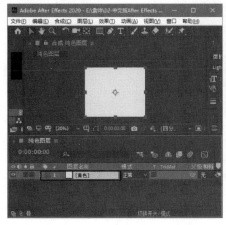

图 3-117　新建的"黄色"纯色图层

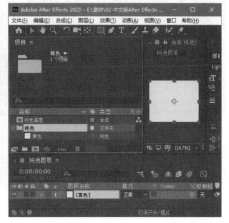

图 3-118　创建第一个纯色图层

步骤05　创建了多个纯色图层时的【项目】面板和【时间轴】面板的效果如图3-119所示。

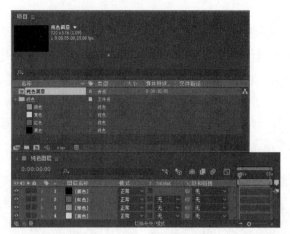

图3-119　创建了多个纯色图层

3.6.3　创建灯光图层

灯光图层主要用于模拟真实的灯光、阴影，使作品层次感更加强烈，下面详细介绍创建灯光图层的操作方法。

步骤01　打开"素材文件\第3章\灯光图层.aep"，在灯光图层【合成】面板中，单击【3D图层】按钮⬚，开启【背景-圣诞版】图层的三维模式，如图3-120所示。

步骤02　在菜单栏中选择【图层】→【新建】→【灯光】命令，如图3-121所示。

图3-120　单击【3D图层】按钮

图3-121　选择【灯光】命令

步骤03　在弹出的【灯光设置】对话框中设置合适的参数，然后单击【确定】按钮，如图3-122所示。

步骤04　在【时间轴】面板中可以看到新建的【聚光1】图层，这样即可完成创建灯光图层的操作，如图3-123所示。

 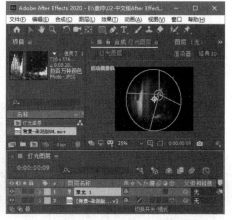

图 3-122　设置合适的参数　　　图 3-123　新建的【聚光1】图层

　　在创建灯光图层时，必须首先将素材图像转换为3D图层。若在【时间轴】面板中没有找到【3D图层】按钮，则需要单击【时间轴】面板左下方的【展开和折叠"图层开关"窗格】按钮。

3.6.4　创建摄像机图层

　　摄像机图层主要用于三维合成制作中进行控制合成时的最终视角，通过对摄影机设置动画可模拟三维镜头运动，下面详细介绍创建摄像机图层的操作方法。

步骤01　打开"素材文件\第3章\摄像机.aep"，在摄像机【合成】面板中，单击【3D图层】按钮，开启【花卉】图层的三维模式，如图3-124所示。

步骤02　在菜单栏中选择【图层】→【新建】→【摄像机】命令，如图3-125所示。

图 3-124　单击【3D图层】按钮　　　图 3-125　选择【摄像机】命令

步骤03　在弹出的【摄像机设置】对话框中设置合适的参数，单击【确定】按钮，如图 3-126 所示。

步骤04　在【时间轴】面板中可以看到新建的【摄像机1】图层，这样即可完成创建摄像机图层的操作，如图 3-127 所示。

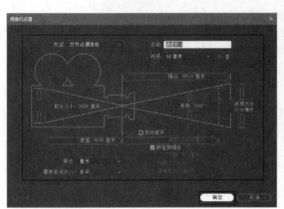

图 3-126　设置合适的参数　　　　　　　图 3-127　新建的【摄像机1】图层

在创建摄像机图层时，同样也必须首先将素材图像转换为 3D 图层。

3.6.5　创建空对象图层

空对象图层关联到其他图层，修改空对象图层可影响与其关联的图层，常用于创建摄像机的父级，用来控制摄像机的移动和位置的设置。下面详细介绍创建空对象图层的方法。

步骤01　打开"素材文件\第3章\空对象.aep"，在菜单栏中选择【图层】→【新建】→【空对象】命令，如图 3-128 所示。

步骤02　在【时间轴】面板中可以看到已经新建了一个【空1】图层，这样即可完成创建空对象图层的操作，如图 3-129 所示。

"空对象"是不可见的图层，在【合成】面板中虽然可以看见一个红色的正方形，但它实际是不存在的，在最后输出时也不会显示。

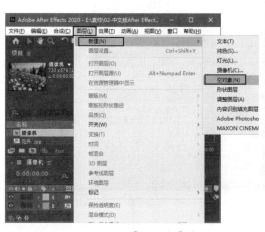

图 3-128 选择【空对象】命令

图 3-129 新建空对象图层

3.6.6 创建形状图层

使用形状图层可以自由绘制图形并设置图形形状和图形颜色等，是制作遮罩动画的重要图层，下面详细介绍创建形状图层的操作方法。

步骤 01 打开"素材文件\第 3 章\形状图层 .aep"，在菜单栏中选择【图层】→【新建】→【形状图层】命令，如图 3-130 所示。

步骤 02 此时即可创建出一个形状图层，同时在【合成】面板中的鼠标指针也会改变，在【工具栏】中选择准备创建的图形按钮，然后在【合成】面板中拖曳绘制一个形状，如图 3-131 所示。

通过以上步骤即可完成创建形状图层的操作，如图 3-132 所示。

图 3-130 选择【形状图层】命令

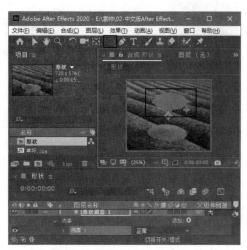

图 3-131 拖曳绘制一个形状

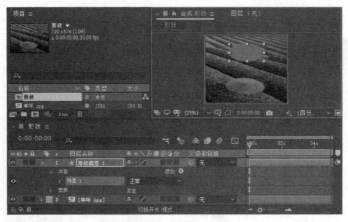

图 3-132　创建形状图层

3.6.7　创建调整图层

通过为调整图层添加效果，调整图层下方的所有图层可共同享有添加的效果，因此常使用调整图层来调整作品整体的色彩效果，本例详细介绍创建调整图层的操作方法。

步骤01　打开"素材文件\第3章\调整图层.aep"，在菜单栏中选择【图层】→【新建】→【调整图层】命令，如图3-133所示。

步骤02　此时在【时间轴】面板中可以看到已经新建的【调整图层1】，这样即可完成创建调整图层的操作，如图3-134所示。

图 3-133　选择【调整图层】命令

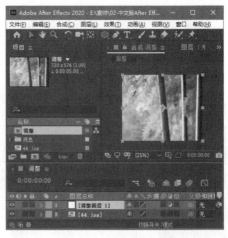

图 3-134　创建调整图层

📖 课堂问答

通过本章的讲解，读者会对图层的知识及图层的基本操作有一定的了解，下面列出一些常见的问题供学习参考。

问题 ❶：After Effects 2020 可以锁定图层吗？如何操作？

答：After Effects 2020 中的图层是可以进行锁定的，锁定后的图层将无法被选择或编辑。若要锁定图层，只需要单击图层左侧的 🔒 按钮即可，如图 3-135 所示。

图 3-135　锁定图层

问题 ❷：如何快速、简单地制作图层样式？

答：After Effects 2020 中的图层样式与 Photoshop 中的图层样式相似，这种图层处理功能是提升作品品质的重要手段之一，它能快速、简单地制作出发光、投影、描边等 9 种图层样式。

选择准备制作样式的图层，在菜单栏中选择【图层】→【图层样式】命令，然后在弹出的子菜单中，用户可以选择相应的图层样式命令，从而快速制作出简单的图层样式，如图 3-136 所示。

图 3-136　图层样式菜单

问题 ❸：After Effects 2020 是否允许更改创建完成的纯色图层颜色？如何更改？

答：After Effects 2020 允许用户更改创建完成的纯色图层颜色，具体操作如下。

步骤01　选择时间轴中已经创建完成的纯色图层，如图 3-137 所示。

步骤02　按【Ctrl+Y】快捷键，打开【纯色设置】对话框，即可重新修改颜色，如图 3-138 所示。

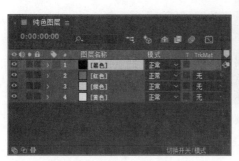

图 3-137　选择纯色图层　　　　　　　　　　　　　图 3-138　修改颜色

上机实战——使用纯色图层制作双色背景

通过本章的学习，为让读者巩固本章知识点，下面讲解一个技能综合案例，使大家对本章的知识有更深入的了解。

效果展示

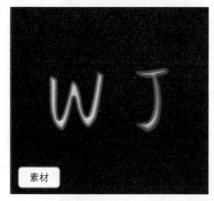

素材

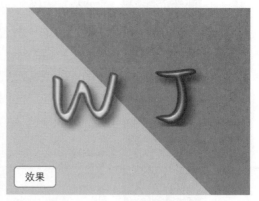

效果

思路分析

本例主要新建纯色图层，修改纯色图层参数，并通过设置位置和旋转属性制作出两个颜色相间的彩色拼接背景，完成效果的制作。下面详细介绍其操作方法。

制作步骤

步骤01　在【项目】面板的空白位置处右击，在弹出的快捷菜单中选择【新建合成】命令，如图 3-139 所示。

步骤02 在弹出的【合成设置】对话框中设置【合成名称】为【合成1】,【预设】为【自定义】,【宽度】为1024px,【高度】为768px,【像素长宽比】为【方形像素】,【帧速率】为30帧/秒,【分辨率】为【完整】,【持续时间】为5秒,单击【确定】按钮,如图3-140所示。

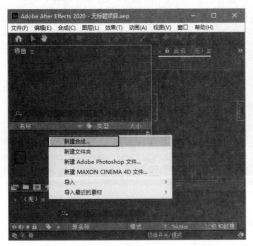

图3-139 选择【新建合成】命令

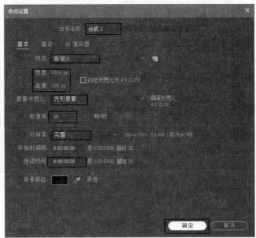

图3-140 设置合成

步骤03 在菜单栏中选择【文件】→【导入】→【文件】命令,如图3-141所示。

步骤04 弹出【导入文件】对话框,选择准备导入的素材文件"wj.png",单击【导入】按钮,如图3-142所示。

图3-141 选择【文件】命令

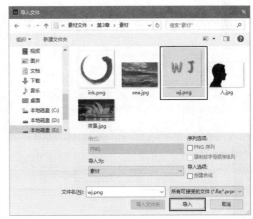

图3-142 选择准备导入的素材

步骤05 在【项目】面板中,将素材文件"wj.png"拖曳到【时间轴】面板中,如图3-143所示。

步骤06 设置素材文件"wj.png"的位置为(502,397),缩放为(49.5,36%),如图3-144所示。

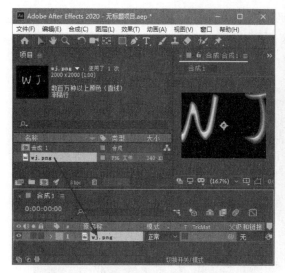

图 3-143　将素材拖曳到【时间轴】面板中

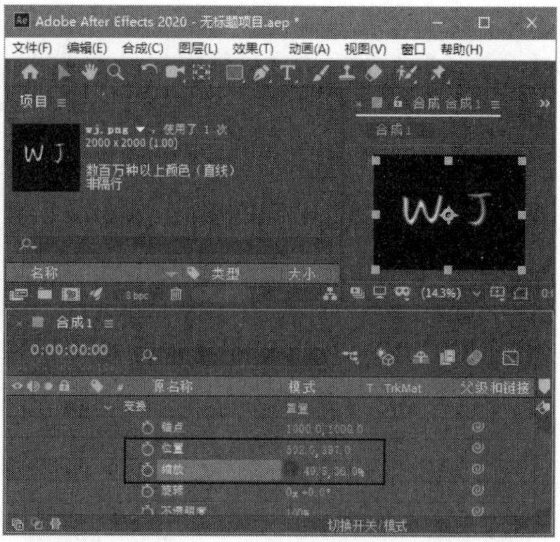

图 3-144　设置位置和缩放参数

步骤07　在【时间轴】面板的空白处右击，在弹出的快捷菜单中选择【新建】→【纯色】命令，如图3-145所示。

步骤08　弹出【纯色设置】对话框，设置名称为【绿色 纯色1】，【宽度】为1300像素，【高度】为768像素，【颜色】为绿色，单击【确定】按钮，如图3-146所示。

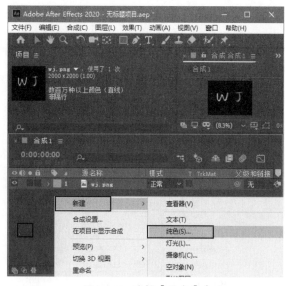

图 3-145　选择【纯色】命令

图 3-146　设置纯色参数

步骤09　创建完纯色图层后，设置该纯色图层的【位置】为（314，596），【旋转】为0x+45°，如图3-147所示。

步骤10　再次在【时间轴】面板的空白处右击，在弹出的快捷菜单中选择【新建】→【纯色】命令，如图3-148所示。

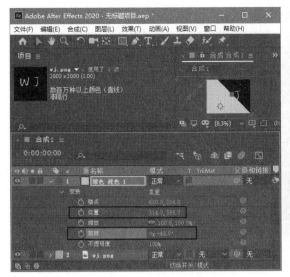

图 3-147　设置位置和旋转参数

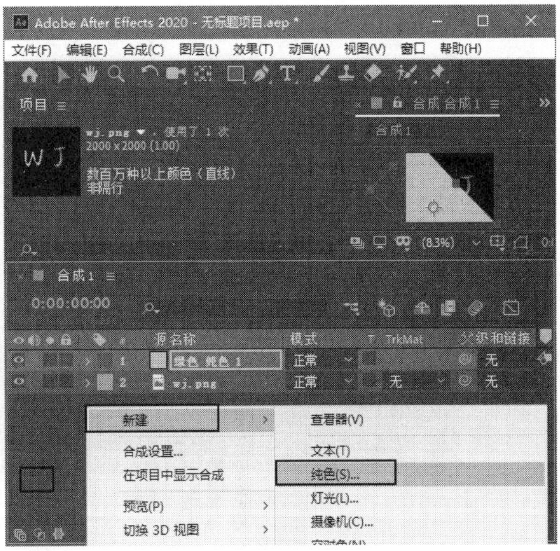

图 3-148　选择【纯色】命令

步骤11　弹出【纯色设置】对话框，设置名称为【橙色 纯色1】，【宽度】为1300像素，【高度】为768像素，【颜色】为橙色，单击【确定】按钮，如图3-149所示。

步骤12　创建完纯色图层后，设置该纯色图层的位置为（752，114），旋转为0x+225°，如图3-150所示。

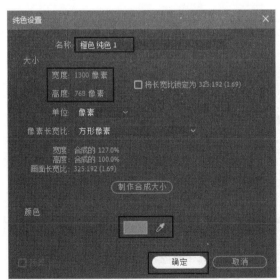

图 3-149　设置纯色参数

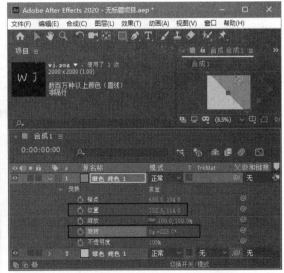

图 3-150　设置位置和旋转参数

步骤13　在【时间轴】面板中，将【wj.png】图层拖曳到最顶层，如图3-151所示。

步骤14　此时在【合成】面板中可以看到本例的最终效果，这样即可完成使用纯色图层制作双色背景的操作，如图3-152所示。

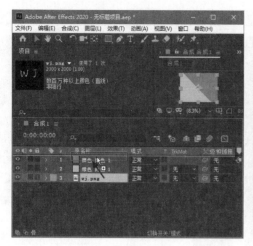
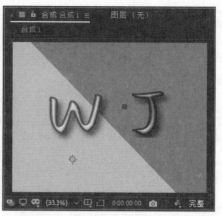

图3-151　拖曳图层　　　　　　　　　图3-152　设置位置和旋转参数

🌐 **同步训练——制作真实的灯光和阴影**

通过上机实战案例的学习后，为增强读者的动手能力，下面安排一个同步训练案例，让读者达到举一反三、触类旁通的学习效果。

图解流程

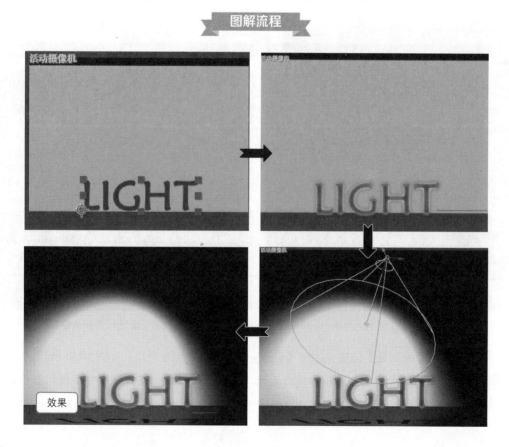

思路分析

本例主要使用纯色图层作为背景，通过将其设置为3D图层，使背景产生空间感。然后创建一个文本图层，并设置相关参数。最后通过创建灯光图层，使文字产生真实的光照和阴影效果，下面详细介绍其操作方法。

关键步骤

步骤01　在【项目】面板的空白位置处右击，在弹出的快捷菜单中选择【新建合成】命令，如图3-153所示。

步骤02　在弹出的【合成设置】对话框中设置【合成名称】为【合成1】，【预设】为【自定义】，【宽度】为1024px，【高度】为768px，【像素长宽比】为【方形像素】，【帧速率】为30帧/秒，【分辨率】为【完整】，【持续时间】为5秒，单击【确定】按钮，如图3-154所示。

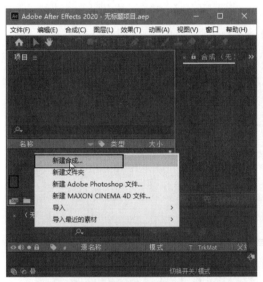

图3-153　选择【新建合成】命令

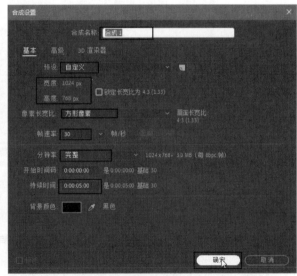

图3-154　设置合成

步骤03　在【时间轴】面板的空白处右击，在弹出的快捷菜单中选择【新建】→【纯色】命令，如图3-155所示。

步骤04　弹出【纯色设置】对话框，设置名称为【青色 纯色1】，【宽度】为1500像素，【高度】为768像素，【颜色】为青色，单击【确定】按钮，如图3-156所示。

步骤05　继续创建一个纯色图层，在【纯色设置】对话框中，设置颜色为【蓝色】，名称为【蓝色 纯色1】，【宽度】为1500像素，【高度】为768像素，单击【确定】按钮，如图3-157所示。

步骤06　单击【展开和折叠"图层开关"窗格】按钮，激活两个纯色图层的【3D图层】按钮，设置【青色 纯色1】的【位置】和【缩放】参数，设置【蓝色 纯色1】的【位置】、【缩放】和【方向】参数，如图3-158所示。

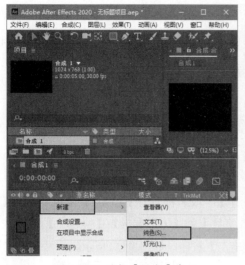

图 3-155　选择【纯色】命令

图 3-156　设置纯色参数（1）

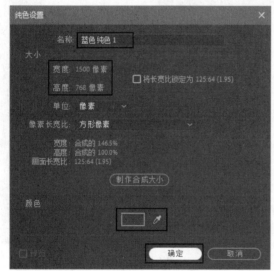

图 3-157　设置纯色参数（2）

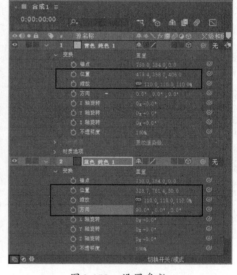

图 3-158　设置参数

步骤07　在【时间轴】面板的空白处右击，在弹出的快捷菜单中选择【新建】→【文本】命令，如图 3-159 所示。

步骤08　在【合成】面板中输入文字内容"LIGHT"，在【字符】面板中设置【字体】为华文新魏，设置字体大小为181像素，设置字体颜色为深蓝，单击【仿粗体】按钮 **T**，如图 3-160 所示。

步骤09　创建完文本图层后，在菜单栏中选择【效果】→【风格化】→【发光】命令，为文本图层添加发光效果，如图 3-161 所示。

步骤10　设置【发光阈值】为50%，激活文本图层的【3D图层】按钮☆，设置【材质选项】的【投影】为【开】，如图 3-162 所示。

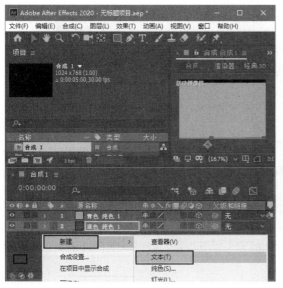

图 3-159 选择【文本】命令

图 3-160 设置字符

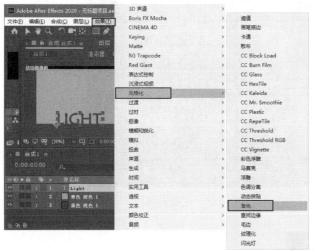

图 3-161 添加发光效果

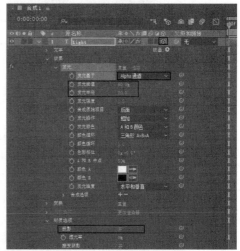

图 3-162 设置发光参数

步骤11   此时在【合成】面板中可以看到出现了发光文字效果，如图 3-163 所示。

步骤12   在【时间轴】面板中右击，在弹出的快捷菜单中选择【新建】→【灯光】命令，如图 3-164 所示。

步骤13   在弹出的【灯光设置】对话框中设置【灯光类型】为【聚光】，【强度】为 250%，选中【投影】复选框，单击【确定】按钮，如图 3-165 所示。

步骤14   在【时间轴】面板中，设置【聚光 1】的目标点和位置参数，如图 3-166 所示。

步骤15   此时在【合成】面板中即可看到产生了灯光和阴影的效果，如图 3-167 所示。

通过以上步骤即可完成制作真实的灯光和阴影操作，本例的最终效果如图 3-168 所示。

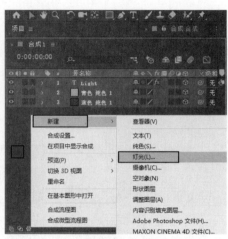

图 3-163　发光文本效果　　　　　　　　　　　　　　图 3-164　选择【灯光】命令

图 3-165　设置灯光　　　　　　　　　　　　　　　　图 3-166　设置参数

图 3-167　灯光和阴影效果　　　　　　　　　　　　　图 3-168　最终效果

知识能力测试

本章讲解了图层的操作及应用，为对知识进行巩固和考核，接下来布置相应的练习题。

一、填空题

1．【时间轴】面板中的素材都是以图层的方式按照_____关系依次排列组合的。

2．在 After Effects 中进行合成操作时，每个导入合成图像的素材都会以_____的形式出现在合成中。

3．在【时间轴】面板中选择图层，上下拖曳到适当的位置，可以改变_____。

4．_____就是将一个图层在指定的时间处，拆分为多段图层。

5．_____可以以锚点为基准来改变图层的大小。

6．_____是以锚点为基准旋转图层。

7．_____是以百分比的方式来调整图层的不透明度。

8．普通模式主要包括"正常"、"_____"和"动态抖动溶解"3种混合模式。

9．_____包括"相加"、"变亮"、"屏幕"、"线性减淡"、"颜色减淡"、"经典颜色减淡"和"变亮颜色"等7种混合模式。

10．_____主要用于模拟真实的灯光、阴影，使作品层次感更加强烈。

二、选择题

1．在键盘上右侧的小数字键盘中按图层对应的数字即可（　　）相应的图层。

　　A．删除　　　　　　　　　　　　B．选择

　　C．复制　　　　　　　　　　　　D．打开

2．蒙版模式包括"蒙版 Alpha"、"模板亮度"、"轮廓 Alpha"和"轮廓亮度"4个（　　）。这种类型的混合模式可以将源图层转换为底层的一个遮罩。

　　A．叠加模式　　　　　　　　　　B．轮廓模式

　　C．混合模式　　　　　　　　　　D．普通模式

3．通过为调整图层添加效果，调整图层下方的所有图层可共同享有添加的效果，因此常使用（　　）来调整作品整体的色彩效果。

　　A．文字图层　　　　　　　　　　B．纯色图层

　　C．形状图层　　　　　　　　　　D．调整图层

三、简答题

1．图层的创建方法都有哪些，如何操作？

2．如何创建摄像机图层？

第4章
蒙版工具与动画制作

在After Effects中蒙版主要用于画面的修饰与"合成",用户还可以为图层添加关键帧动画,使其产生基本的位置、缩放、旋转、不透明度等动画效果,还可以为素材已经添加的效果参数设置关键帧动画,产生效果的变化。本章将详细介绍蒙版工具与动画制作的相关知识及操作方法。

学习目标

- 初步认识蒙版
- 熟练掌握形状工具的应用
- 熟练掌握修改蒙版的方法
- 熟练掌握绘画工具与路径动画

4.1 初步认识蒙版

蒙版主要用来制作背景的镂空透明和图像之间的平滑过渡等。蒙版有多种形状，在After Effects软件自带的工具栏中，可以利用相关的蒙版工具来创建，如方形、圆形和自由形状的蒙版工具。本节将详细介绍蒙版动画的相关知识及操作方法。

4.1.1 蒙版的原理

蒙版就是通过蒙版层中的图形或轮廓对象，透出下面图层的内容。简单地说，蒙版层就像一张纸，而蒙版图像就像是在这张纸上挖出的一个洞，通过这个洞来观察外界的事物。蒙版对图层的作用原理示意图如图4-1所示。

图 4-1 蒙版对图层的作用原理示意图

一般来说，蒙版需要有两个层，而在After Effects软件中，蒙版可以在一个图层上绘制轮廓以制作蒙版，看上去像是一个层，但可以将其理解为两个层：一个是轮廓层，即蒙版层；另一个是被蒙版层，即蒙版下面的层。

蒙版层的轮廓形状决定着看到的图像形状，而被蒙版层决定看到的内容。蒙版动画可以理解为一个人拿着望远镜眺望远方，在眺望时不停地移动望远镜，看到的内容就会有不同的变化，这样就形成了蒙版动画。当然也可以理解为望远镜静止不动，而看到的画面在不停地移动，即被蒙版层不停地运动，以此来产生蒙版动画效果。总结为两点，即蒙版层做变化，被蒙版层做运动。

4.1.2 常用的蒙版工具

在After Effects 2020中，绘制蒙版的工具有很多，其中包括【形状工具组】■、【钢笔工具组】、【画笔工具】和【橡皮擦工具】等，如图4-2所示。

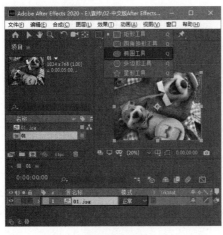

图 4-2   绘制蒙版的工具

4.1.3   使用多种方法创建卡通蒙版效果

蒙版有很多种创建方法和编辑技巧，通过【工具】面板中的按钮和菜单中的命令，都可以快速地创建和编辑蒙版，下面将介绍几种创建蒙版的方法。

1. 使用形状工具创建蒙版

使用形状工具可以快速地创建出标准形状的蒙版，下面详细介绍使用形状工具创建蒙版的操作方法。

步骤01   打开"素材文件\第4章\蒙版.aep"，在【时间轴】面板中，选择需要创建蒙版的图层，再选择合适的形状工具，如图4-3所示。

步骤02   保持对蒙版工具的选择，在【合成】面板中，单击并拖曳鼠标就可以创建出蒙版了，如图4-4所示。

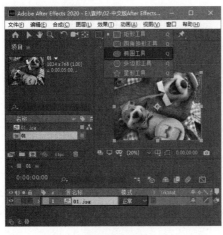

图 4-3   选择合适的形状工具

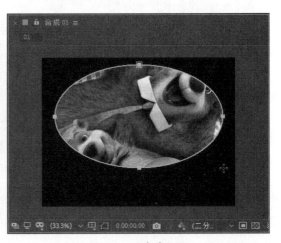

图 4-4   创建蒙版

2. 使用钢笔工具创建蒙版

在工具栏中，选择【钢笔工具】可以创建出任意形状的蒙版，在使用【钢笔工具】创建蒙版时，必须使蒙版呈闭合的状态，下面详细介绍其操作方法。

步骤01   打开"素材文件\第4章\蒙版.aep"，在【时间轴】面板中，选择需要创建蒙版的图层，在工具栏中选择【钢笔工具组】，如图4-5所示。

步骤02   在【合成】面板中，单击确定第1个点，然后继续单击绘制出一个闭合的贝塞尔曲线，即可完成使用【钢笔工具】创建蒙版的操作，如图4-6所示。

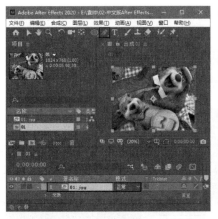 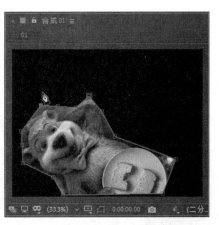

图4-5 选择【钢笔工具】　　　图4-6 使用【钢笔工具】创建蒙版

技能拓展

在使用【钢笔工具】 创建曲线的过程中，如果需要在闭合的曲线上添加点，可以使用【添加"顶点"工具】 ；如果需要在闭合的曲线上减少点，可以使用【删除"顶点"工具】 ；如果需要对曲线的点进行贝塞尔控制调节，可以使用【转换"顶点"工具】 ；如果需要对创建的曲线进行羽化，可以使用【蒙版羽化工具】 。

3. 使用【新建蒙版】命令创建蒙版

使用【新建蒙版】命令创建出的蒙版形状都比较单一，与蒙版工具的效果相似，下面详细介绍使用【新建蒙版】命令创建蒙版的操作方法。

步骤01　打开"素材文件\第4章\蒙版.aep"，选择需要创建蒙版的图层，在菜单栏中选择【图层】→【蒙版】→【新建蒙版】命令，如图4-7所示。

步骤02　在【合成】面板中，可以看到已经创建出一个与图层大小一致的矩形蒙版，这样即可完成使用【新建蒙版】命令创建蒙版的操作，如图4-8所示。

图4-7 选择【新建蒙版】命令　　　图4-8 创建蒙版

步骤03 如果需要对蒙版进行调节，可以选择蒙版，然后在菜单栏中选择【图层】→【蒙版】→【蒙版形状】命令，如图4-9所示。

步骤04 在弹出的【蒙版形状】对话框中，可对蒙版的位置、单位和形状进行调节，然后单击【确定】按钮，如图4-10所示。

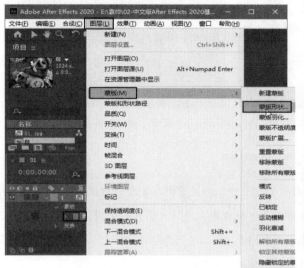
图4-9 选择【蒙版形状】命令

图4-10 设置蒙版形状

通过以上步骤即可完成使用【新建蒙版】命令创建蒙版的操作，最终效果如图4-11所示。

图4-11 最终创建的蒙版

4.1.4 蒙版与形状图层的区别

创建蒙版，首先需要选择图层，然后再选择蒙版工具进行绘制。下面详细介绍创建蒙版的操作方法。

新建一个纯色图层并选择该图层，如图4-12所示。

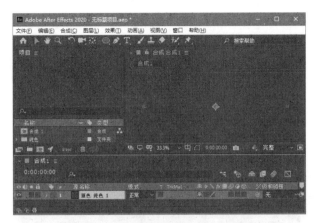

图 4-12   新建一个纯色图层并选择该图层

在工具栏中单击并长按【形状工具组】按钮![icon]，然后选择【多边形工具】![icon]，如图4-13所示。

图 4-13   选择【多边形工具】

选择完工具后，就可以进行绘制了，此时出现了蒙版的效果，图形以外的部分不显示，只显示图形以内的部分，如图4-14所示。

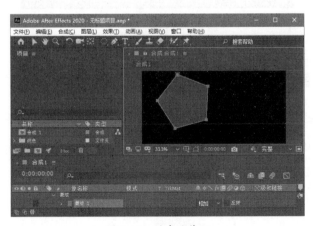

图 4-14   创建的蒙版

在 After Effects 中创建形状图层，则要求不选择图层，而是通过选择工具绘制一个单独的图案。下面详细介绍创建形状图层的操作方法。

新建一个纯色图层，不要选择该图层，如图4-15所示。

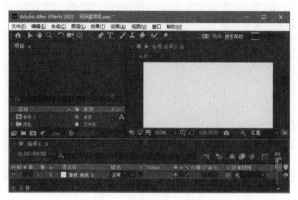

图4-15　新建一个纯色图层

在工具栏中单击并长按【形状工具组】按钮 ，然后选择【多边形工具】 ，并设置颜色，此时拖曳鼠标进行绘制即可新建一个独立的形状图层，如图4-16所示。

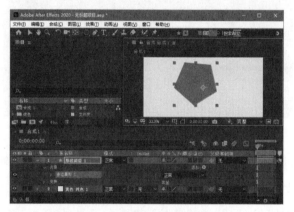

图4-16　新建独立的形状图层

4.2　形状工具的应用

在After Effects软件中，使用形状工具既可以创建形状图层，也可以创建形状遮罩。形状工具主要包括【矩形工具】 、【圆角矩形工具】 、【椭圆工具】 、【多边形工具】 和【星形工具】 等。

4.2.1　矩形工具

【矩形工具】 可以为图形绘制正方形、长方形等矩形形状，如图4-17所示，也可以为图层绘制遮罩，如图4-18所示。

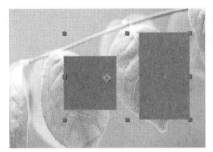

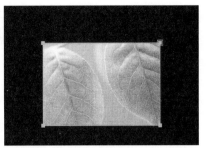

图 4-17　绘制的矩形形状　　　　　　　图 4-18　绘制的遮罩

4.2.2　圆角矩形工具

【圆角矩形工具】 的使用方法及其相关属性设置与【矩形工具】 相同，使用【圆角矩形工具】 可以绘制出圆角矩形和圆角正方形，如图4-19所示，也可以为图层绘制遮罩，如图4-20所示。

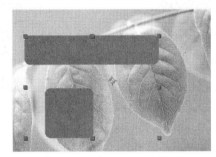

图 4-19　绘制的圆角矩形形状　　　　　图 4-20　绘制的遮罩

4.2.3　椭圆工具

使用【椭圆工具】 可以绘制出椭圆和圆，如图4-21所示。也可以为图层绘制椭圆形或圆形的遮罩，如图4-22所示。

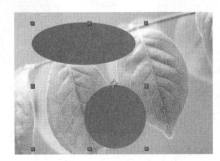

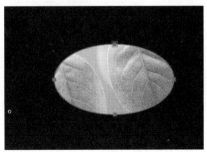

图 4-21　绘制的椭圆和圆　　　　　　　图 4-22　绘制的遮罩

技 能 拓 展

如果要绘制正方形，可以在选择【矩形工具】 ■■ 后，按住【Shift】键的同时拖曳鼠标
进行绘制；如果要绘制圆形，可以在选择【椭圆工具】 ●● 后，按住【Shift】键的同时拖曳
鼠标进行绘制。

4.2.4 多边形工具

使用【多边形工具】 ⬡ 可以绘制出边数至少为5的多边形路径和图形，如图4-23所示。也可
以为图层绘制出多边形遮罩，如图4-24所示。

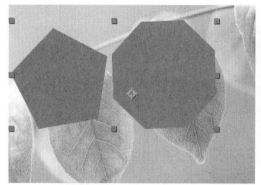

图 4-23　绘制的多边形

图 4-24　绘制的多边形遮罩

4.2.5 星形工具

使用【星形工具】 ⭐ 可以绘制出边数至少为3的星形路径和图形，如图4-25所示。也可以为
图层绘制出星形遮罩，如图4-26所示。

图 4-25　绘制的星形图形

图 4-26　绘制的星形遮罩

4.3 钢笔工具组的应用

使用【钢笔工具】可以在【合成】或【图层】面板中绘制出各种路径。钢笔工具组中包含4个辅助工具，分别是【添加"顶点"工具】、【删除"顶点"工具】、【转换"顶点"工具】和【蒙版羽化工具】。本节主要讲解使用【钢笔工具】绘制贝塞尔曲线。

在工具栏中选择【钢笔工具】后，在面板的右侧会出现一个【RotoBezier】复选框，如图4-27所示。

图4-27 【RotoBezier】复选框

技 能 拓 展

在默认情况下，【RotoBezier】复选框处于关闭状态，这时使用【钢笔工具】绘制的贝塞尔曲线的顶点包含控制手柄，可以通过调整控制手柄的位置来调节贝塞尔曲线的形状。如果选中【RotoBezier】复选框，那么绘制出来的贝塞尔曲线将不包含控制手柄，曲线的顶点曲率是After Effects软件自动计算的。

在实际的工作中，使用【钢笔工具】绘制的贝塞尔曲线主要包含直线、U形曲线和S形曲线3种，下面将分别介绍这3种曲线的绘制方法。

1. 绘制直线

使用【钢笔工具】单击确定第1个点，然后在其他地方单击确定第2个点，这两个点形成的线就是一条直线。如果要绘制水平直线、垂直直线或成45°倍数的直线，可以在按住【Shift】键的同时进行绘制，如图4-28所示。

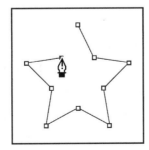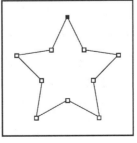

图4-28 绘制直线

2. 绘制 U 形曲线

如果要使用【钢笔工具】 绘制 U 形曲线，可以在确定好的第 2 个顶点后拖曳第 2 个顶点的控制手柄，使其方向与第 1 个顶点的控制手柄的方向相反。在图 4-29 中，A 图为开始拖曳第 2 个顶点时的状态，B 图是将第 2 个顶点的控制手柄调节成与第 1 个顶点的控制手柄方向相反时的状态，C 图为最终结果。

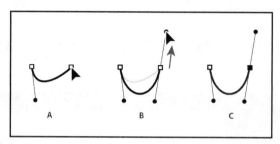

图 4-29 绘制 U 形曲线

3. 绘制 S 形曲线

如果要使用【钢笔工具】 绘制 S 形曲线，可以在确定好的第 2 个顶点后拖曳第 2 个顶点的控制手柄，使其方向与第 1 个顶点的控制手柄的方向相同。在图 4-30 中，A 图为开始拖曳第 2 个顶点时的状态，B 图是将第 2 个顶点的控制手柄调节成与第 1 个顶点的控制手柄方向相同时的状态，C 图为最终结果。

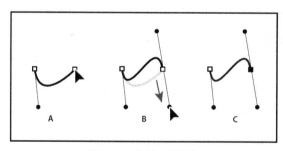

图 4-30 绘制 S 形曲线

📖 课堂范例——使用钢笔工具制作电影海报

本案例通过使用钢笔工具为素材绘制路径产生蒙版效果。通过新建纯色图层，设置渐变叠加样式来制作背景，最后添加相关文字完成电影海报的制作。

步骤01 执行【合成】→【新建合成】命令，打开【合成设置】对话框，设置【合成名称】为【合成1】，【预设】为【自定义】，【宽度】为 850px，【高度】为 780px，【像素长宽比】为【方形像素】，【帧速率】为 25，【分辨率】为【完整】，【持续时间】为 5 秒，单击【确定】按钮，如图 4-31 所示。

步骤02 完成新建合成后，执行【文件】→【导入】→【文件】命令，打开【导入文件】对话框，选择"素材文件\第4章\海报.png"，单击【导入】按钮，如图 4-32 所示。

图 4-31 新建合成

图 4-32 导入素材文件

步骤 03 在【项目】面板中将素材"海报.png"拖曳到【时间轴】面板中，如图 4-33 所示。

图 4-33 拖曳素材到【时间轴】面板中

步骤 04 在【时间轴】面板中的空白处右击，然后在弹出的快捷菜单中选择【新建】→【纯色】命令，如图 4-34 所示。

步骤 05 在弹出的【纯色设置】对话框中，设置【颜色】为黑色，然后单击【确定】按钮，如图 4-35 所示。

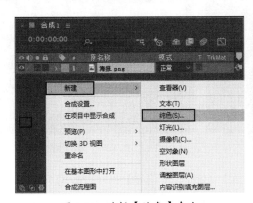

图 4-34 选择【纯色】命令

图 4-35 【纯色设置】对话框

步骤06　在【时间轴】面板中，选择【黑色 纯色1】图层，在工具栏中选择【钢笔工具】，在画面中合适的位置处，绘制一个完整的闭合遮罩路径，如图4-36所示。

步骤07　在【时间轴】面板中右击【黑色 纯色1】图层，在弹出的快捷菜单中选择【图层样式】→【渐变叠加】命令，如图4-37所示。

图4-36　绘制遮罩路径　　　　　　　　　　图4-37　选择【渐变叠加】命令

步骤08　在【时间轴】面板中单击打开【黑色 纯色1】图层下方的【图层样式】，选择【渐变叠加】→【颜色】→【编辑渐变】选项，如图4-38所示。

步骤09　在弹出的【渐变编辑器】对话框中，编辑一个由白色到灰色的渐变色条，单击【确定】按钮，如图4-39所示。

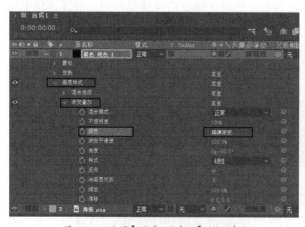
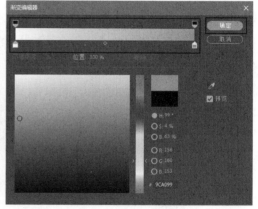

图4-38　设置【黑色 纯色1】图层参数　　　　　图4-39　编辑渐变色条

步骤10　在【时间轴】面板中设置【样式】为径向，【偏移】为（-20，-15），如图4-40所示。

步骤11　此时，在【合成】面板中可以看到的画面效果如图4-41所示。

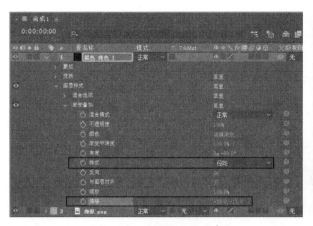

图4-40　设置样式及偏移参数

图4-41　画面效果

步骤12 在【时间轴】面板中的空白位置处右击，在弹出的快捷菜单中选择【新建】→【文本】命令，如图4-42所示。

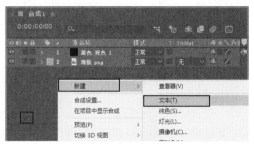

图4-42　创建文本图层

步骤13 在【字符】面板中设置字体系列、字体大小、行距等参数，在【段落】面板中设置【段落】为左对齐文本，在【合成】面板中输入文本，然后再调整相关位置，如图4-43所示。

图4-43　设置案例文本

步骤14 此时在【合成】面板中即可看到本例的最终效果，如图4-44所示。

图 4-44　最终效果

4.4 修改蒙版

在 After Effects 软件中，修改蒙版的操作主要包括调节蒙版的形状、添加和删除锚点、切换角点和曲线点、缩放与旋转蒙版等，本节将详细介绍修改蒙版的相关知识及操作方法

4.4.1 调节蒙版为椭圆形状

在 After Effects 中，创建蒙版后，如果对创建的蒙版形状不满意，用户还可以再次对蒙版的形状进行修改，下面详细介绍调节蒙版形状的操作方法。

步骤01　打开"素材文件\第4章\蒙版1.aep"，依次展开【蓝色 纯色1】→【蒙版】→【蒙版1】，然后在【蒙版路径】右侧单击【形状】链接项，如图4-45所示。

步骤02　在弹出的【蒙版形状】对话框中的【形状】区域下方，单击【重置为】右侧的下拉按钮，在弹出的列表框中选择【椭圆】选项，单击【确定】按钮，如图4-46所示。

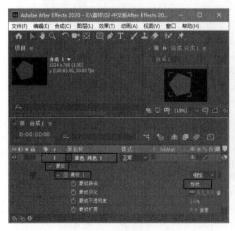

图 4-45　设置案例文本

图 4-46　设置蒙版形状

步骤03 此时在【合成】面板中，可以看到选择的蒙版形状已经改变成椭圆形状，这样即可完成调节蒙版形状的操作，如图4-47所示。

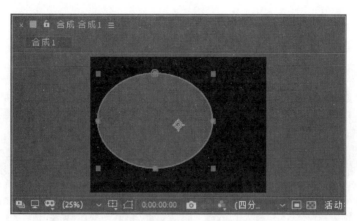

图 4-47 调节的蒙版形状

4.4.2 添加和删除锚点改变蒙版形状

在 After Effects 中，创建蒙版后，可以进行添加和删除锚点的操作，下面详细介绍添加和删除锚点的操作方法。

步骤01 打开素材文件"椭圆蒙版.aep"，选择蒙版层，在工具栏中单击并长按【钢笔工具组】按钮 ，在工具组中选择【添加"顶点"工具】 ，如图4-48所示。

步骤02 此时鼠标指针会改变形状，当鼠标指针变为 形状时，在需要添加锚点的位置处单击，即可完成添加锚点的操作，如图4-49所示。

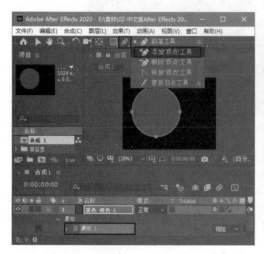

图 4-48 选择【添加"顶点"工具】

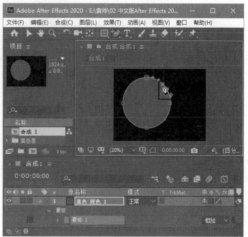

图 4-49 添加锚点

步骤03 在工具栏中单击并长按【钢笔工具组】按钮 ，在工具组中选择【删除"顶点"

工具】 ，如图4-50所示。

步骤04　此时鼠标指针会改变形状，当鼠标指针变为 形状时，在需要删除锚点的位置处单击，如图4-51所示。

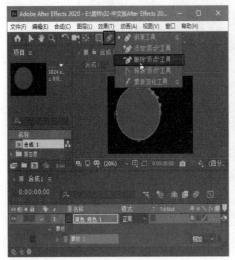 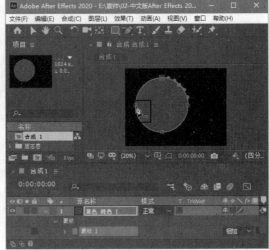

图4-50　选择【删除"顶点"工具】　　　　　图4-51　删除锚点

步骤05　此时在【合成】面板中可以看到蒙版的形状也会改变，这样即可完成删除锚点的操作，如图4-52所示。

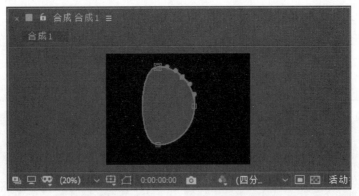

图4-52　删除锚点后的形状

4.4.3　切换角点和曲线点控制蒙版形状

在After Effects中，创建蒙版后，用户还可以切换角点和曲线点，下面详细介绍切换角点和曲线点的操作方法。

步骤01　打开素材文件"椭圆蒙版.aep"，选择蒙版层，在工具栏中单击并长按【钢笔工具组】按钮 ，在工具组中选择【转换"顶点"工具】 ，如图4-53所示。

步骤02　此时鼠标指针会改变形状，当鼠标指针变为 形状时，在需要切换的位置处单击并拖曳鼠标，此时角点变为曲线点，拖曳控制线可以调整点的弧度，如图 4-54 所示。

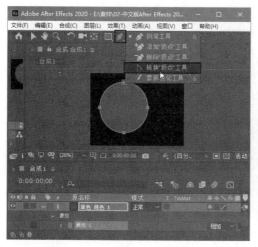 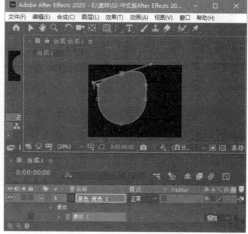

图 4-53　选择【转换"顶点"工具】　　　　　图 4-54　拖曳鼠标调整弧度

步骤03　选择【转换"顶点"工具】 ，直接单击需要转换的点，如图 4-55 所示。

步骤04　此时曲线点变为角点，这样即可切换角点和曲线点，如图 4-56 所示。

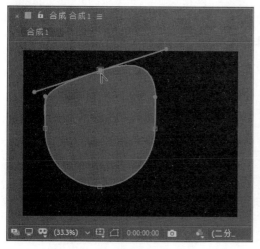 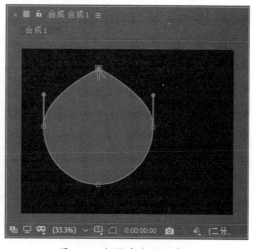

图 4-55　选择【转换"顶点"工具】　　　　　图 4-56　切换角点和曲线点

4.4.4　缩放和旋转蒙版

在 After Effects 中，创建蒙版后，用户还可以缩放和旋转蒙版，下面详细介绍缩放和旋转蒙版的操作方法。

步骤01　打开素材文件"蒙版 1.aep"，展开蒙版层的变换属性，在【缩放】属性右侧，拖曳鼠标调整数值或直接输入数值即可缩放蒙版，如图4-57所示。

步骤02 在【旋转】属性右侧，拖曳鼠标调整数值或直接输入数值即可旋转蒙版，如图4-58所示。

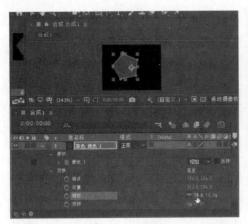 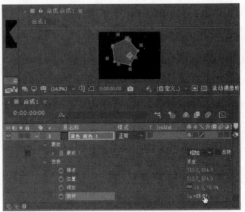

图4-57 缩放蒙版   图4-58 旋转蒙版

技能拓展

　　在选择好的蒙版工具上双击可在当前图层中自动创建一个最大的蒙版。在【合成】面板中，按住【Shift】键的同时使用蒙版工具可以创建出等比例的蒙版形状。如使用【矩形工具】■可以创建出正方形的蒙版，使用【椭圆工具】●可以创建出圆形的蒙版。如果在创建蒙版时按住【Ctrl】键，可以创建一个以单击确定的第1个点为中心的蒙版。

4.5 绘画工具与路径动画

　　After Effects中提供的绘画工具是以Photoshop的绘画工具为原理，可以对指定的素材进行润色，逐帧加工及创建新的图像元素。在使用绘画工具进行创作时，每一步的操作都可以被记录成动画，并能实现动画的回放。使用绘画工具还可以制作出一些独特的、变化多端的图案或花纹。

4.5.1 【绘画】面板与【画笔】面板

　　【绘画】面板与【画笔】面板是进行绘制时必须用到的面板，要打开【绘画】面板，必须先在工具栏中选择相应的绘画工具，如图4-59所示。

图4-59 工具栏

下面将分别详细介绍【绘画】面板与【画笔】面板的相关知识。

1.【绘画】面板

每个绘画工具的【绘画】面板都具有一些共同的特征。【绘画】面板主要用来设置各个绘画工具的笔刷不透明度、流量、模式、通道及持续时间等，如图4-60所示。

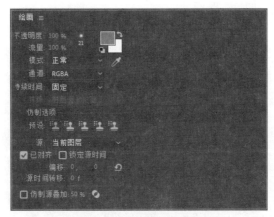

图4-60 【绘画】面板

下面将分别详细介绍【绘画】面板中的主要参数。

① 不透明度：对于【画笔工具】 和【仿制图章工具】 ，【不透明度】属性主要用来设置画笔笔刷和仿制画笔的最大不透明度。对于【橡皮擦工具】 ，【不透明度】属性主要用来设置擦除图层颜色的最大量。

② 流量：对于【画笔工具】 和【仿制图章工具】 ，【流量】属性主要用来设置画笔的流量；对于【橡皮擦工具】 ，【流量】属性主要用来设置擦除的像素。

③ 模式：设置画笔或仿制笔刷的混合模式，这与图层中的混合模式是相同的。

④ 通道：设置绘画工具影响的图层通道，如果选择Alpha通道，那么绘画工具只影响图层的透明区域。

⑤ 持续时间：设置笔刷的持续时间，共有以下4个选项，如图4-61所示。

图4-61 笔刷的持续时间选项

- 固定：使笔刷在整个笔刷时间段都能显示出来。
- 写入：根据手写时的速度再现手写动画的过程。其原理是自动产生"开始"和"结束"关键帧，可以在【时间轴】面板中对图层绘画属性的"开始"和"结束"关键帧进行设置。
- 单帧：仅显示当前帧的笔刷。
- 自定义：自定义笔刷的持续时间。

2.【画笔】面板

在【画笔】面板中可以选择绘画工具预设的一些笔刷效果，如果对预设的笔刷不是很满意，还可以自定义笔刷的形状。通过修改笔刷的参数值，可以方便快捷地设置笔刷的尺寸、角度和边缘羽化等属性，如图4-62所示。

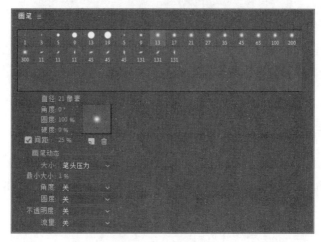

图4-62 【画笔】面板

下面将分别详细介绍【画笔】面板中的部分参数。

① 直径：设置笔刷的直径，单位为像素，图4-63所示的是使用不同直径笔刷的绘画效果。

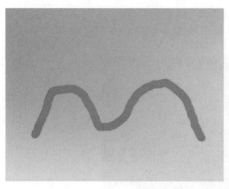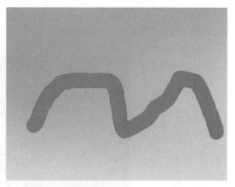

图4-63 使用不同直径的绘画效果

② 角度：设置椭圆形笔刷的旋转角度，单位为度（°），图4-64所示是笔刷旋转角度为45°和−45°时的绘画效果。

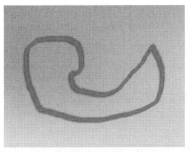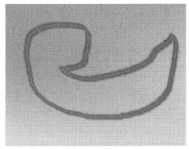

图4-64 笔刷旋转角度为45°和−45°时的绘画效果

③ 圆度：设置笔刷形状的长轴和短轴比例。其中正圆笔刷为100%，线形笔刷为0%，介于0%～100%之间的笔刷为椭圆形笔刷，如图4-65所示。

图4-65 设置笔刷形状的长轴和短轴比例

④ 硬度：设置画笔中心硬度的大小。该值越小，画笔的边缘越柔和，如图4-66所示。

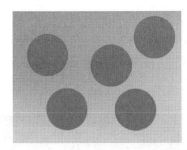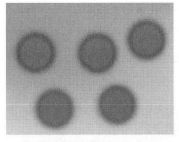

图4-66 设置画笔中心硬度的大小

⑤ 间距：设置笔刷的间隔距离（鼠标的绘图速度也会影响笔刷的间距大小），如图4-67所示。

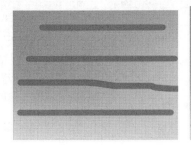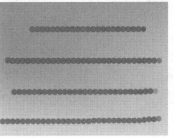

图4-67 设置笔刷的间隔距离

⑥ 画笔动态：当使用手绘板进行绘画时，该属性可以用来设置对手绘板的压笔感应。

4.5.2 使用画笔工具绘制笔刷效果

使用【画笔工具】 ✐ 可以在当前图层的【图层】面板中以【绘画】面板中设置的前景色进行绘画，如图4-68所示。

图 4-68　在【图层】窗口中绘画

1. 使用画笔工具绘画的流程

下面详细介绍使用【画笔工具】 ✐ 绘画的操作方法。

步骤01　在【时间轴】面板中双击要进行绘画的图层，如图4-69所示。

步骤02　将该图层在【图层】面板中打开，如图4-70所示。

图 4-69　双击要进行绘画的图层

图 4-70　打开【图层】面板

步骤03　在工具栏中选择【画笔工具】 ，单击工具栏右侧的【切换"绘画"面板】按钮 ，如图4-71所示。

步骤04　系统会打开【绘画】面板和【画笔】面板。在【画笔】面板中选择预设的笔刷或自定义笔刷的形状，如图4-72所示。

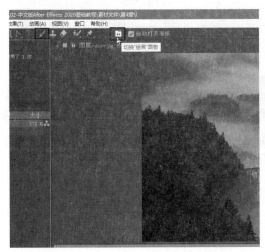

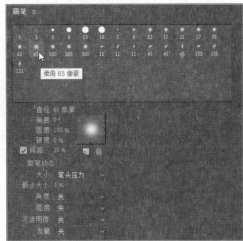

图4-71　单击【切换"绘画"面板】按钮　　　　　　　图4-72　选择笔刷

步骤05　在【绘画】面板中设置好画笔的颜色、不透明度、流量及模式等参数，如图4-73所示。

步骤06　使用【画笔工具】 在【图层】面板中进行绘制，每次释放鼠标即可完成一个笔刷效果，如图4-74所示。

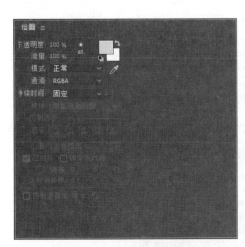

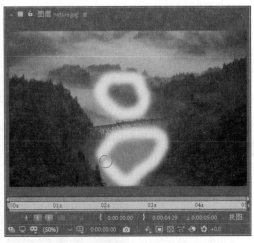

图4-73　设置画笔参数　　　　　　　　　图4-74　在【图层】面板中绘制

步骤07　每次绘制的笔刷效果都会在图层的绘画属性栏下以列表的形式显示出来（连续按两次【P】键即可展开笔刷列表），如图4-75所示。

图4-75　展开绘画属性

如果在工具栏中选择【自动打开面板】选项，那么在工具栏中选择画笔工具 🖊 时，系统就可以自动打开【绘画】面板和【画笔】面板。

2. 使用画笔工具的注意事项

在使用画笔工具 🖊 进行绘画时，需要注意以下6点。

① 在绘制好笔刷效果后，可以在【时间轴】面板中对笔刷效果进行修改或对笔刷设置动画。

② 如果要改变笔刷的直径，可以在【图层】窗口中按住【Ctrl】键的同时拖曳鼠标左键。

③ 如果要设置画笔的颜色，可以在【绘画】面板中单击【设置前景色】或【设置背景色】图标，然后在弹出的对话框中设置颜色。当然，也可以使用吸管工具吸取界面中的颜色作为前景色或背景色。

④ 在按住【Shift】键的同时使用画笔工具 ，可以在之前的笔刷效果上继续进行绘制。注意，如果没有在之前的笔刷上进行绘制，那么按住【Shift】键可以绘制出直线笔刷效果。

⑤ 连续按两次【P】键，可以在【时间轴】面板中展开已经绘制好的各种笔刷列表。

⑥ 连续按两次【S】键，可以在【时间轴】面板中展开当前正在绘制的笔刷列表。

4.5.3 仿制图章工具

使用【仿制图章工具】🔳 可以将某一时间某一位置的像素复制并应用到另一时间的另一位置中。【仿制图章工具】🔳 拥有与笔刷一样的属性，如笔刷形状和持续时间等，在使用【仿制图章工具】🔳 前也需要设置绘画参数和笔刷参数，在仿制操作完成后，也可以在【时间轴】面板中的仿制属性中制作动画，如图4-76所示的是【仿制图章工具】🔳 的特有参数。

图4-76　仿制图章工具的特有参数

1. 仿制图章工具的主要参数

下面将详细介绍【仿制图章工具】▲的主要参数。

- 预设：仿制图像的预设选项，共有5种，如图4-77所示。

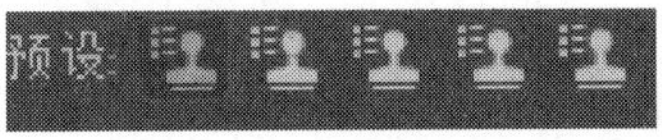

图4-77 预设选项

- 源：选择仿制的源图层。
- 已对齐：设置不同笔画采样点的仿制位置的对齐方式，选中该复选框与未选中该复选框时的对比效果，如图4-78所示。

选中【已对齐】复选框效果

未选中【已对齐】复选框效果

图4-78 对齐效果

- 锁定源时间：控制是否只复制单帧画面。
- 偏移：设置取样点的位置。
- 源时间转移：设置源图层的时间偏移量。
- 仿制源叠加：设置源画面与目标画面的叠加混合程度。

2. 使用仿制图章工具的注意事项及操作技巧

下面详细介绍在使用【仿制图章工具】▲时需要注意的相关事项及操作技巧。

①【仿制图章工具】 通过取样源图层中的像素，然后将取样的像素值复制应用到目标图层中，目标图层可以是同一个合成中的其他图层，也可以是源图层自身。

②在工具栏中选择【仿制图章工具】 ，然后在【图层】面板中按住【Alt】键对采样点进行取样，设置好的采样点会自动显示在"偏移"中。在使用【仿制图章工具】 仿制图像时，只能在【图层】面板中进行操作，并且使用该工具制作的效果是非破坏性的，因为它是以滤镜的方式在图层上进行操作的。如果对仿制效果不满意，还可以修改图层滤镜属性下的仿制参数。

③如果仿制的源图层和目标图层在同一个合成中，这时为了工作方便，就需要将目标图层和源图层在整个工作界面中同时显示出来。选择好两个或多个图层后，按【Ctrl+Shift+Alt+N】快捷键可以将这些图层通过不同的【图层】面板同时显示在操作界面中。

4.5.4 橡皮擦工具

使用【橡皮擦工具】 可以擦除图层上的图像或笔刷，还可以选择仅擦除当前的笔刷。如果设置为擦除源图层像素或笔刷，那么擦除像素的每个操作都会在【时间轴】面板中的绘画属性中留下擦除记录，这些擦除记录对擦除素材没有任何破坏性，可以对其进行删除、修改或改变擦除顺序等操作；如果设置为擦除当前笔刷，那么擦除操作仅针对当前笔刷，并且不会在【时间轴】面板中的绘画属性下记录擦除记录。

选择【橡皮擦工具】 后，在【绘画】面板中可以设置擦除图像的模式，如图4-79所示。

图 4-79 设置擦除图像的模式

- 图层源和绘画：擦除源图层中的像素和绘画笔刷效果。
- 仅绘画：仅擦除绘画笔刷效果。
- 仅最后描边：仅擦除之前的绘画笔刷效果。

■■ 课堂范例——使用橡皮擦工具制作擦除效果

【橡皮擦工具】 可以擦除当前图层的一部分。当使用【橡皮擦工具】 绘制蒙版时，可以在【画笔】面板中设置合适属性、修改画面大小和形态，下面详细介绍本例的操作方法。

步骤01 打开"素材文件\第4章\使用橡皮擦工具制作擦除效果.aep"，在【时间轴】面板中，双击【极光.jpg】图层，如图4-80所示。

图4-80 双击【极光.jpg】图层

步骤02 选择【橡皮擦工具】，然后在【画笔】面板中设置笔刷大小为柔角200像素，如图4-81所示。

步骤03 在打开的【图层】面板中，按住鼠标左键在画面中拖曳进行涂抹绘制，如图4-82所示。

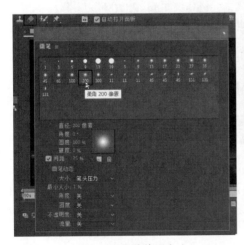
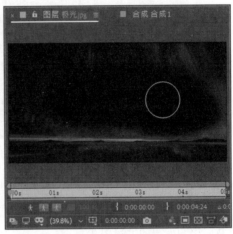

图4-81 设置笔刷大小　　　　　图4-82 进行涂抹绘制

步骤04 绘制完成后，单击进入【合成】面板中，可以看到已经出现了擦除的效果，如图4-83所示。

图4-83 擦除效果

👤 课堂问答

通过本章的讲解，读者对蒙版、形状工具、绘画工具与路径动画有了一定的了解，下面列出一些常见的问题供学习参考。

问题 ❶：如何移动形状蒙版的位置？

答：将形状蒙版进行移动有两种方法，下面分别予以详细介绍。

方法1：形状蒙版绘制完成后，在【时间轴】面板中选择相对应的图层，在工具栏中选择【选取工具】▶，接着将光标移动到【合成】面板中的形状蒙版上方，当光标变为黑色箭头时，按住鼠标左键可进行移动，如图4-84所示。

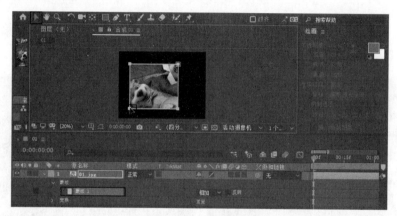

图4-84　方法1移动形状蒙版

方法2：形状蒙版绘制完成后，在【时间轴】面板中选择相对应的素材图层，然后在按住【Ctrl】键的同时将光标移动到【合成】面板中的形状蒙版上方，当光标变为黑色箭头时，按住鼠标左键即可进行移动，如图4-85所示。

图4-85　方法2移动形状蒙版

问题❷：如何绘制正方形蒙版？

答：选择素材，在工具栏中选择【矩形工具】，然后在【合成】面板中的图像的合适位置处，在按住【Shift】键的同时按住鼠标左键拖曳至合适的大小，得到正方形蒙版，如图4-86所示。

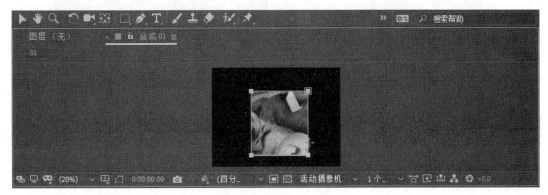

图4-86　绘制正方形蒙版

问题❸：如何进行圆滑边缘蒙版的绘制？

答：使用【钢笔工具】可以绘制圆滑边缘的蒙版。选择素材，并使用【钢笔工具】在【合成】面板中图像的合适位置处，单击确定第一个顶点，再将光标定位在画面中其他任意位置，按住鼠标左键并上下拖曳控制杆，也可以按住【Alt】键调整蒙版路径弧度，如图4-87所示。使用同样的方法，继续绘制蒙版路径，当顶点首尾相连时，完成蒙版的绘制，得到最终的圆滑的蒙版形状，如图4-88所示。

图4-87　绘制圆滑边缘蒙版

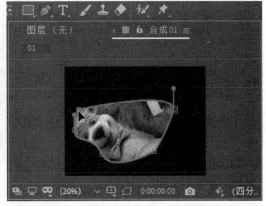

图4-88　圆滑的蒙版形状

📷 上机实战——制作望远镜效果

通过本章的学习，为了让读者巩固本章知识点，下面讲解一个技能综合案例，使大家对本章的知识有更深入的了解。

素材　　　　　效果

思路分析

　　本例首先创建一个纯色图层，然后再使用【椭圆工具】绘制两个正交圆形遮罩，最后设置遮罩模式，添加不透明度关键帧，从而完成制作望远镜效果。

制作步骤

步骤01　在【项目】面板中右击，在弹出的快捷菜单中选择【新建合成】命令，如图4-89所示。

步骤02　在弹出的【合成设置】对话框中，设置【合成名称】为【合成1】，【宽度】为1024px【高度】为768px，【帧速率】为25帧/秒，【持续时间】为5秒，单击【确定】按钮，如图4-90所示。

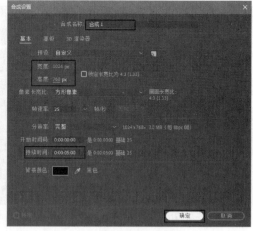

图4-89　选择【新建合成】命令　　　　　图4-90　设置合成

步骤03　在【项目】面板空白处双击，在弹出的对话框中选择"素材文件\第4章\望远镜素材\01.jpg"，然后单击【导入】按钮，如图4-91所示。

步骤04　将【项目】面板中的素材文件拖曳到【时间轴】面板中，并设置位置为（512，607），如图4-92所示。

图4-91 选择素材文件

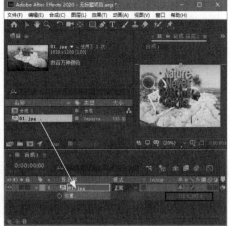

图4-92 设置素材位置

步骤05 在【时间轴】面板中右击，在弹出的快捷菜单中选择【新建】→【纯色】命令，如图4-93所示。

步骤06 在弹出的对话框中，设置【名称】为【黑色】，【宽度】为1024像素，【高度】为768像素，【颜色】为黑色，单击【确定】按钮，如图4-94所示。

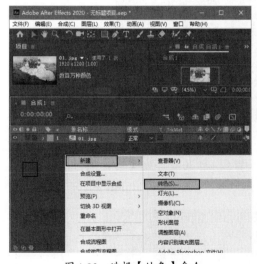

图4-93 选择【纯色】命令

图4-94 设置纯色图层

步骤07 选择【椭圆工具】，在【黑色】图层上绘制两个相交的正圆遮罩，如图4-95所示。

步骤08 在【时间轴】面板中，打开【黑色】图层的【蒙版】属性，设置【蒙版1】和【蒙版2】的模式为【相减】，如图4-96所示。

步骤09 在【时间轴】面板中，将时间线设置到0秒处，为【蒙版1】和【蒙版2】分别添加关键帧，设置不透明度为0%，如图4-97所示。

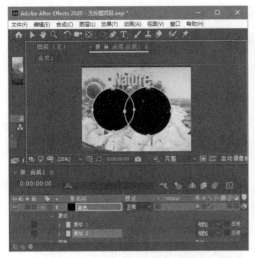

图4-95 绘制两个相交的正圆遮罩

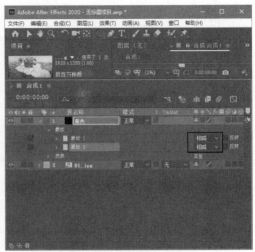

图4-96 设置两个蒙版模式

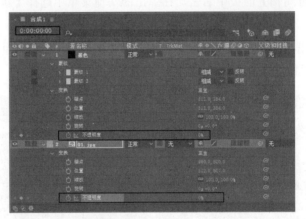

图4-97 设置两个蒙版关键帧1

步骤10 在【时间轴】面板中，将时间线设置到4秒20处，为【蒙版1】和【蒙版2】添加关键帧，设置不透明度为100%，如图4-98所示。

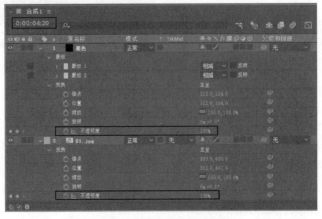

图4-98 设置两个蒙版关键帧2

步骤11 此时拖动时间线滑块即可查看最终制作的望远镜效果,如图4-99所示。

图4-99 制作的望远镜效果

同步训练——制作更换窗外风景动画

通过上机实战案例的学习后,为增强读者的动手能力,下面安排一个同步训练案例,让读者达到举一反三、触类旁通的学习效果。

图解流程

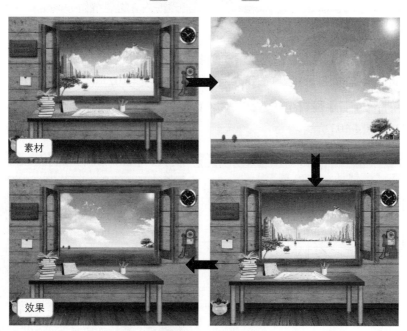

素材

效果

思路分析

本例首先使用【钢笔工具】 绘制一个遮罩,接下来设置【窗.jpg】图层蒙版属性,最后为【风景.jpg】素材图层设置【位置】和【缩放】关键帧,从而完成制作更换窗外风景动画的制作。

步骤01 在【项目】面板中右击，在弹出的快捷菜单中选择【新建合成】命令，如图4-100 所示。

步骤02 在弹出的【合成设置】对话框中，设置【合成名称】为【合成1】，【宽度】为 1024px，【高度】为768px，【帧速率】为25帧/秒，【持续时间】为5秒，单击【确定】按钮，如 图4-101所示。

图4-100 选择【新建合成】命令

图4-101 设置合成

步骤03 在【项目】面板空白处双击，在弹出的对话框中选择"素材文件\第4章\更换窗外 风景素材\窗.jpg、风景.jpg"，然后单击【导入】按钮，如图4-102所示。

步骤04 将【项目】面板中的素材文件"窗.jpg"拖曳到【时间轴】面板中，设置【缩放】 为（64，64%），如图4-103所示。

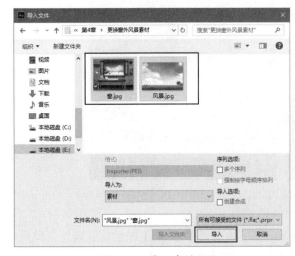

图4-102 导入素材文件

图4-103 设置缩放参数

步骤05 此时拖动时间线滑块可以查看到效果，如图4-104所示。

步骤06 选择【钢笔工具】 ，按照窗口的边缘绘制一个遮罩，如图4-105所示。

图4-104 导入素材文件

图4-105 绘制一个遮罩

步骤07 打开【窗.jpg】图层下的【蒙版1】属性，设置模式为【相减】，如图4-106所示。

步骤08 将【项目】面板中的"风景.jpg"素材文件拖曳到【时间轴】面板底部，调整时间线滑块到0秒处，添加【位置】和【缩放】关键帧，如图4-107所示。

图4-106 设置蒙版模式

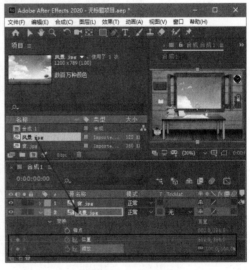

图4-107 添加关键帧

步骤09 调整时间线滑块到4秒20处，设置【位置】为（527，241），【缩放】为45%，如图4-108所示。

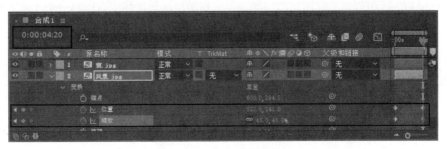

图4-108 设置关键帧参数

步骤10 此时拖动时间线滑块即可查看最终制作的更换窗外风景的动画效果，如图4-109所示。

图4-109　最终制作效果

知识能力测试

本章讲解了蒙版工具与动画制作的相关知识，为对知识进行巩固和考核，接下来布置相应的练习题。

一、填空题

1. _____就是通过蒙版层中的图形或轮廓对象，透出下面图层的内容。

2. _____可以为图形绘制正方形、长方形等矩形形状。

3. 使用【多边形工具】 可以绘制出边数至少为_____的多边形路径和图形。

4. 使用【星形工具】 可以绘制出边数至少为_____的星形路径和图形。

5. 在【工具】面板中选择【钢笔工具】 后，在面板的右侧会出现一个_____复选框。

二、选择题

1. 在After Effects中创建形状图层，则要求不选择图层，而选择工具绘制一个（　　）的图案。

    A．单独　　　　　　　　　　　　B．独立

    C．独自　　　　　　　　　　　　D．孤立

2. 创建蒙版，首先需要选择图层，然后再选择（　　）工具进行绘制。

    A．画笔　　　　　　　　　　　　B．蒙版

    C．矩形　　　　　　　　　　　　D．钢笔

3. 使用（　　）可以在合成或【图层】面板中绘制出各种路径，它包含4个辅助工具，分别是【添加"顶点"工具】、【删除"顶点"工具】、【转换"顶点"工具】和【蒙版羽化工具】。

  A.【画笔工具】   B.【圆角矩形工具】

  C.【钢笔工具】   D.【星形工具】

4. 使用（　　）可以将某一时间某一位置的像素复制并应用到另一时间的另一位置中。

  A.【蒙版工具】   B.【钢笔工具】

  C.【星形工具】   D.【圆角矩形工具】

5. 使用（　　）可以绘制出圆角矩形和圆角正方形，也可以为图层绘制遮罩。

  A.【蒙版工具】   B.【钢笔工具】

  C.【星形工具】   D.【圆角矩形工具】

三、简答题

1. 如何调节蒙版的形状？

2. 如何添加或删除锚点？

2020
After Effects

第5章
文字特效动画的创建及应用

　　本章主要介绍了创建与编辑文字和创建文字动画方面的知识与技巧，在本章的最后还针对实际的工作需求，讲解了文字的应用方法。通过本章的学习，读者可以掌握创建文字与文字动画操作方面的知识，为深入学习 After Effects 2020 知识奠定基础。

学习目标

- 学会创建与编辑文字
- 熟练掌握创建文字动画的方法
- 熟练掌握文字的应用

5.1 创建与编辑文字

在影视后期合成中，文字不仅仅担负着补充画面信息和媒介交流的角色，而且也是设计师们常常用来作为视觉设计的辅助元素，使传达的内容更加直观深刻。

5.1.1 创建文本图层

无论在何种视觉媒体中，文字都是必不可少的设计元素之一，使用 After Effects 软件有很多方法可以创建文本，下面详细介绍通过菜单新建文本图层的操作方法。

步骤01　打开"素材文件\第5章\文本图层.aep"，在菜单栏中选择【图层】→【新建】→【文本】命令，如图5-1所示。

步骤02　在【合成】面板中单击，在视图中确定文字输入的起始位置，如图5-2所示。

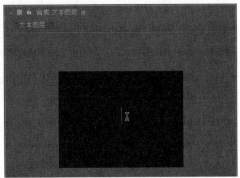

图 5-1　选择【文本】命令　　　　　图 5-2　确定文字输入的起始位置

步骤03　确定输入的位置后，在【合成】面板中输入文字"AE"，即可完成创建文本图层的操作，如图5-3所示。

图 5-3　输入文字完成创建文本图层

在【时间轴】面板的空白处右击，在弹出的快捷菜单中选择【新建】→【文本】命令，也可以快速新建一个文本。

5.1.2 使用文字工具创建文字

在【工具】面板中选择【横排文字工具】 T 即可创建文字，下面详细介绍使用文字工具创建文字的操作方法。

步骤01 打开"素材文件\第5章\文本图层.aep"，选择【工具】面板中的【横排文字工具】 T ，如图5-4所示。

步骤02 在【合成】面板中单击，在视图中确定文字输入的起始位置，如图5-5所示。

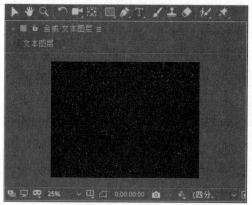
图5-4 选择文字工具

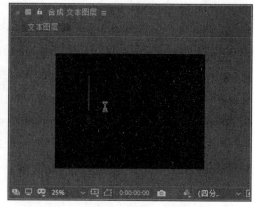
图5-5 确定文字输入的起始位置

步骤03 在【合成】面板中输入文字"After Effects"，即可完成利用文字工具创建文字的操作，如图5-6所示。

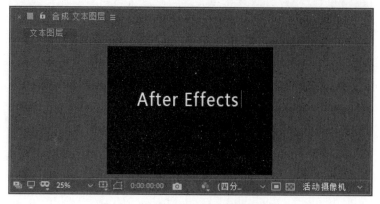
图5-6 输入文字完成创建文本图层

技 能 拓 展

在默认状态下，单击【横排文字工具】按钮 [T]，将建立横向排列的文字，如果需要建立竖向排列的文字，可以长按鼠标左键，然后在弹出的工具组中选择【直排文字工具】[IT] 即可。

5.1.3　设置文字参数

在 After Effects 中创建文字后，即可进入【字符】面板和【段落】面板修改文字效果。下面将分别予以详细介绍。

1.【字符】面板

在创建文字后，用户可以在【字符】面板中对文字的字体系列、字体样式、填充颜色、描边颜色、字体大小、行距、两个字符间的字偶间距、所选字符间距、描边宽度、描边类型、垂直缩放、水平缩放、基线偏移、所选字符比例间距和字体类型等进行设置。【字符】面板如图 5-7 所示。

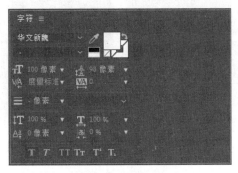

图 5-7　【字符】面板

下面将详细介绍【字符】面板中的参数。

- 【字体系列】：在【字体系列】下拉列表框中可以选择所需应用的字体类型，如图 5-8 所示。在选择某一字体后，当前所选文字即会应用该字体，如图 5-9 所示。

图 5-8　【字体系列】下拉列表框

图 5-9　应用字体效果

- 【字体样式】：在设置【字体系列】后，有些字体还可以对其样式进行选择。在【字体样式】

下拉列表中可以选择所需应用的字体样式，如图5-10所示。在选择某一字体后，当前所选文字即应用该样式。如图5-11所示为同一字体系列、不同字体样式的对比效果。

图5-10 【字体样式】下拉列表

图5-11 同一字体系列、不同字体样式的对比效果

- 填充颜色：单击【填充颜色】色块，在弹出的【文本颜色】对话框中可设置合适的文字颜色，也可以使用【吸管工具】 直接吸取所需颜色，如图5-12所示。如图5-13所示为设置不同【填充颜色】的文字对比效果。

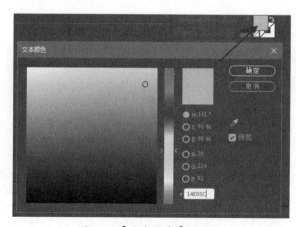

图5-12 【文本颜色】对话框

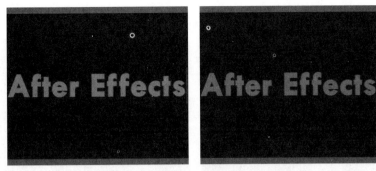

图5-13 不同填充颜色的文字对比效果

- 描边颜色：单击【描边颜色】色块，在弹出的【文本颜色】对话框中可设置合适的文字描边颜色，也可以使用【吸管工具】直接吸取所需颜色，如图5-14所示。

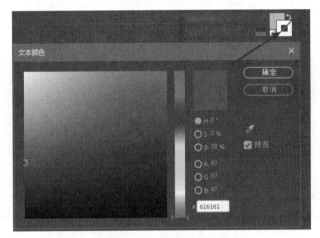

图5-14 【文本颜色】对话框

- 【字体大小】：可以在【字体大小】下拉列表中选择预设的字体大小，也可以在数值处按住鼠标左键并左右拖曳或在数值处单击直接输入数值。如图5-15所示为【字体大小】为50和100的对比效果。

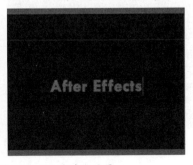

图5-15 【字体大小】为50和100的对比效果

- 【行距】：用于设置段落文字，通过行距数值可调节行与行之间的距离。如图5-16所示为设置【行距】为60和80的对比效果。

图5-16 【行距】为60和80的对比效果

- 【两个字符间的字偶间距】：设置所选字符的字符间距。如图5-17所示为设置字符间距为–100和200的对比效果。

图5-17 【字符间距】为–100和200的对比效果

- 【描边宽度】：设置描边的宽度。如图5-18所示即设置【描边宽度】为5和10的对比效果。

图5-18 【描边宽度】为5和10的对比效果

- 【描边类型】：在【描边类型】下拉列表中可设置描边类型。如图5-19所示为选择不同描边类型的对比效果。

图 5-19 选择不同描边类型的对比效果

- 【垂直缩放】 TT：可以垂直拉伸文本。
- 【水平缩放】 T：可以水平拉伸文本。
- 【基线偏移】 Aᵃ：可上下平移所选字符。
- 【所选字符比例间距】 あ：设置所选字符的比例间距。
- 【字体类型】 T T TT Tᵣ Tᵗ T₁：设置字体类型，包括【仿粗体】、【仿斜体】、【全部大写字体】、【小型大写字母】、【上标】和【下标】。如图5-20所示为选择【仿粗体】和【仿斜体】的对比效果。

图 5-20 选择【仿粗体】和【仿斜体】的对比效果

2. 【段落】面板

在【段落】面板中可以设置文本的对齐方式和缩进大小。【段落】面板如图5-21所示。

图 5-21 【段落】面板

（1）对齐方式

在【段落】面板中一共包含7种文本对齐方式，分别为居左对齐文本、居中对齐文本、居右对齐文本、最后一行左对齐、最后一行居中对齐、最后一行右对齐和两端对齐，如图5-22所示。

图 5-22　7种文本对齐方式

如图5-23所示为设置对齐方式为居左对齐文本和居右对齐文本的对比效果。

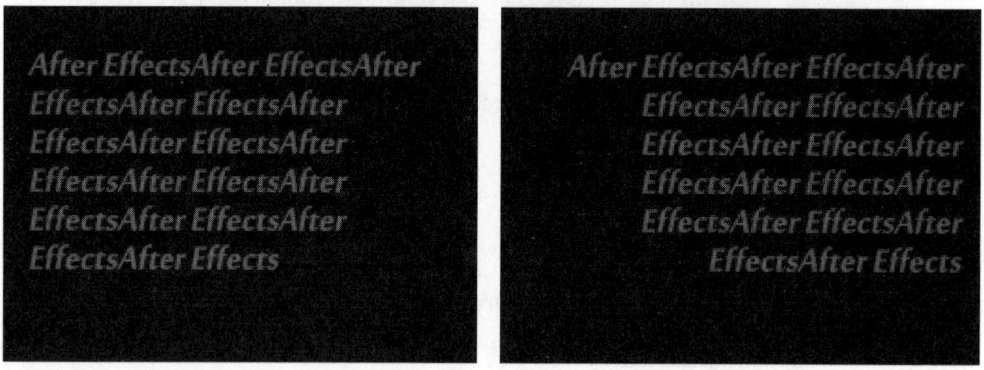

图 5-23　两种对齐方式的对比效果

（2）段落缩进和边距设置

在【段落】面板中包括缩进左边距、缩进右边距和首行缩进3种段落缩进方式，以及段前添加空格和段后添加空格两种设置边距方式，如图5-24所示。

图 5-24　段落缩进和边距

如图5-25所示为设置段落缩进和边距参数的前后对比效果。

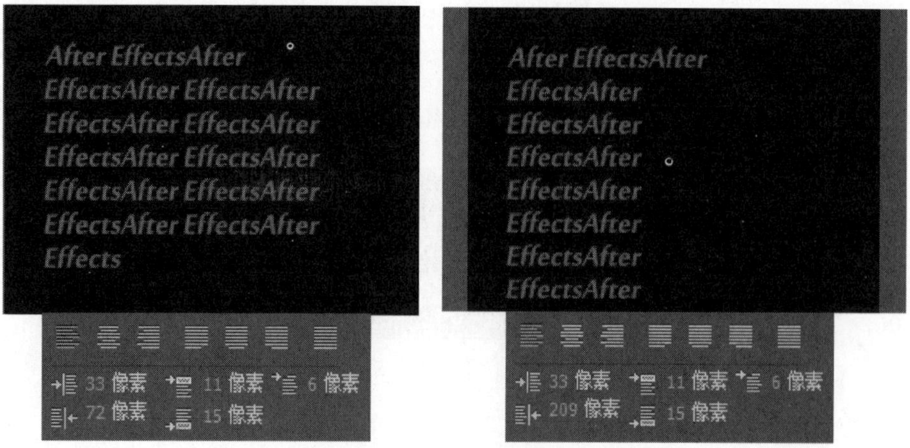

图 5-25　对比效果

5.2　创建文字动画

After Effects软件的文字图层具有丰富的属性，通过设置属性和添加效果，可以制作出丰富多彩的文字特效，使得影片画面更加鲜活，更具有生命力。

5.2.1　使用图层属性制作动画

使用"源文本"属性可以对文字的内容、段落格式等属性制作动画，不过这种动画只能是突变性的动画，片长较短的视频字幕可使用此方法来制作。

5.2.2　动画制作工具

创建一个文字图层以后，使用动画制作工具功能可以快速地创建出复杂的动画效果，一个动画制作工具组中可以包含一个或多个动画选择器及动画属性，如图5-26所示。

图5-26　动画制作工具功能

1. 动画属性

单击【动画】选项后面的 ▶ 按钮，即可打开【动画属性】列表，动画属性主要用来设置文字动画的主要参数（所有的动画属性都可以单独对文字产生动画效果），如图5-27所示。

下面将详细介绍【动画属性】列表中的选项。

- 启用逐字3D化：控制是否开启三维文字功能。如果开启了该功能，在文字图层属性中将新增一个"材质选项"用来设置文字的漫反射、高光，以及是否产生阴影等效果，同时"变换"属性也会从二维变换属性转换为三维变换属性。
- 锚点：用于制作文字中心定位点的变换动画。
- 位置：用于制作文字的位移动画。
- 缩放：用于制作文字的缩放动画。

图5-27　【动画属性】列表

- 倾斜：用于制作文字的倾斜动画。
- 旋转：用于制作文字的旋转动画。
- 不透明度：用于制作文字的不透明度变化动画。
- 全部变换属性：将所有的属性一次性添加到动画制作工具中。
- 填充颜色：用于制作文字的颜色变化动画，包括RGB、色相、饱和度、亮度和不透明度5个选项，如图5-28所示。

图5-28 【填充颜色】子选项

- 描边颜色：用于制作文字描边的颜色变化动画，包括RGB、色相、饱和度、亮度、不透明度5个选项。

图5-29 【描边颜色】子选项

- 描边宽度：用于制作文字描边粗细的变化动画。
- 字符间距：用于制作文字之间的间距变化动画。
- 行锚点：用于制作文字的对齐动画。值为0%时，表示左对齐；值为50%时，表示居中对齐；值为100%时，表示右对齐。
- 行距：用于制作多行文字的行距变化动画。
- 字符位移：按照统一的字符编码标准（即Unicode标准）为选择的文字制作偏移动画。比如设置英文Bathell的"字符位移"为5，那么最终显示的英文就是Gfymjqq（按字母表顺序从b往后数，第5个字母是g；从字母a往后数，第5个字母是f，以此类推），如图5-30所示。

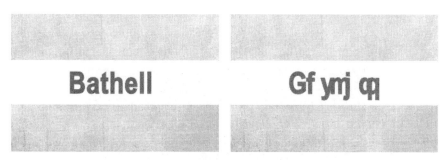

图 5-30　字符位移

- 字符值：按照 Unicode 文字编码形式，将设置的字符值所代表的字符，统一对原来的文字进行替换。比如设置字符值为 100，那么使用文字工具输入的文字都将以字母 d 进行替换，如图 5-31 所示。

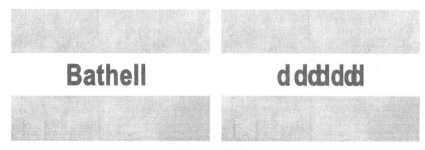

图 5-31　字符值

- 模糊：用于制作文字的模糊动画，可以单独设置文字在水平和垂直方向的模糊数值。

2. 动画选择器

每个动画制作工具组中都包含一个"范围选择器"，可以在一个动画制作工具组中继续添加选择器，或者在一个选择器中添加多个动画属性。如果在一个动画制作工具组中添加了多个选择器，那么可以在这个动画选择器中对各个选择器进行调节，这样可以控制各个选择器之间相互作用的方式。

添加选择器的方法是在【时间轴】面板中选择一个动画制作工具组，然后在其右边的【添加】选项后面单击 ▶ 按钮，接着在弹出的列表中选择需要添加的选择器，包括范围选择器、摆动选择器和表达式选择器 3 种，如图 5-32 所示。

图 5-32　动画选择器

（1）范围选择器

范围选择器可以使文字按照特定的顺序进行移动和缩放，如图5-33所示。

图 5-33　范围选择器

下面详细介绍范围选择器中的参数。

- 起始：设置选择器的起始位置，与字符、词或行的数量及【单位】、【依据】选项的设置有关。
- 结束：设置选择器的结束位置。
- 偏移：设置选择器的整体偏移量。
- 单位：设置选择范围的单位，有百分比和索引两种，如图5-34所示。

图 5-34　【单位】选项

- 依据：设置选择器动画的基于模式，有字符、不包含空格的字符、词、行4种，如图5-35所示。

图 5-35　【依据】选项

- 模式：设置多个选择器范围的混合模式，有相加、相减、相交、最小值、最大值和差值6种模式，如图5-36所示。

图 5-36　【模式】选项

- 数量：设置"属性"动画参数对选择器文字的影响程度。0%表示动画参数对选择器文字没有任何作用，50%表示动画参数只能对选择器文字产生一半的影响。
- 形状：设置选择器边缘的过渡方式，包括正方形、上斜坡、下斜坡、三角形、圆形和平滑6种方式。
- 平滑度：在设置【形状】选项为正方形方式时，该选项才起作用，它决定了一个字符到另一个字符过渡的动画时间。
- 缓和高：特效缓入设置。例如，当设置缓和高为100%时，文字从完全选择状态进入部分选择状态的过程就很平稳；当设置缓和高为–100%时，文字从完全选择状态进入部分选择状态的过程就会很快。
- 缓和低：原始状态缓出设置。例如，当设置缓和低为100%时，文字从部分选择状态进入完全不选择状态的过程就很平缓；当设置缓和低为–100%时，文字从部分选择状态进入完全不选择状态的过程就会很快。
- 随机排序：决定是否启用随机设置。

（2）摆动选择器

使用摆动选择器可以让选择器在指定的时间段产生摇摆动画，如图5-37所示。

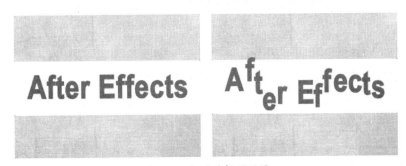

图5-37　摆动选择器效果

摆动选择器参数选项，如图5-38所示。

图5-38　摆动选择器参数选项

下面详细介绍摆动选择器的参数选项。

- 模式：设置摆动选择器与其上层选择器之间的混合模式，类似于多重遮罩的混合设置。

- 最大量和最小量：设定选择器的最大/最小变化幅度。
- 依据：选择文字摇摆动画的基于模式，有字符、不包含空格的字符、词、行4种模式。
- 摆动/秒：设置文字摇摆的变化频率。
- 关联：设置每个字符变化的关联性。当其值为100%时，所有字符在相同时间内的摆动幅度都是一致的；当其值为0%时，所有字符在相同时间内的摆动幅度都互不影响。
- 时间相位和空间相位：设置字符基于时间还是基于空间的相位大小。
- 锁定维度：设置是否让不同维度的摆动幅度拥有相同的数值。
- 随机植入：设置随机的变数。

（3）表达式选择器

在使用表达式时，可以很方便地使用动态方法来设置动画属性对文本的影响范围。可以在一个动画制作工具组中使用多个表达式选择器，并且每个选择器也可以包含多个动画属性，如图5-39所示。

图5-39　表达式选择器参数选项

下面详细介绍表达式选择器中的参数选项。

- 依据：设置选择器的基于方式，有字符、不包含空格的字符、词、行4种模式。
- 数量：设定动画属性对表达式选择器的影响范围。0%表示动画属性对选择器文字没有任何影响，50%表示动画属性对选择器文字有一半的影响。

5.2.3　创建文字路径动画

如果在文字图层中创建了一个蒙版，那么就可以利用这个蒙版作为一个文字的路径来制作动画。作为路径的蒙版可以是封闭的，也可以是开放的，但是必须要注意一点，如果使用闭合的蒙版作为路径，必须设置蒙版的模式为【无】。

在文字图层下展开文字属性下面的【路径选项】参数，如图5-40所示。

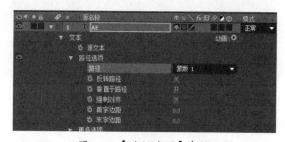

图5-40　【路径选项】参数

下面详细介绍【路径选项】的参数。

- 路径：在后面的下拉列表框中可选择作为路径的蒙版。
- 反转路径：控制是否反转路径。
- 垂直于路径：控制是否让文字垂直于路径。
- 强制对齐：将第一个文字和路径的起点强制对齐，或与设置的"首字边距"对齐，同时让最后一个文字和路径的结尾点对齐，或与设置的"末字边距"对齐。
- 首字边距：设置第一个文字相对于路径起点处的位置，单位为像素。
- 末字边距：设置最后一个文字相对于路径结尾处的位置，单位为像素。

📙 课堂范例——制作文字渐隐的效果

使用动画制作工具组配合文字工具是创建文字动画最主要的方式。通过设置动画制作工具组中的【不透明度】属性及范围选择器的【结束】属性来制作文字渐隐的动画效果，下面详细介绍制作文字渐隐效果的操作方法。

步骤01　打开"素材文件\第5章\制作文字渐隐素材.aep"，首先使用【横排文字工具】🕇输入"文字渐隐效果"字样，如图5-41所示。

步骤02　单击【动画】选项后面的 ▶ 按钮，然后在弹出的列表中选择【不透明度】选项，如图5-42所示。

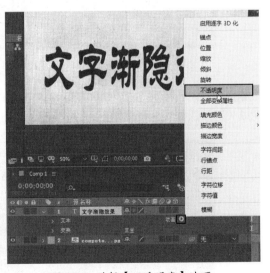

图5-41　输入文字　　　　　　　　　　图5-42　选择【不透明度】选项

步骤03　将动画制作工具组中的【不透明度】属性设置为0%，使文字层完全透明，如图5-43所示。

步骤04　在准备添加渐隐效果的开始位置，将范围选择器的【结束】属性设置为0%，并将其记录为关键帧，如图5-44所示。

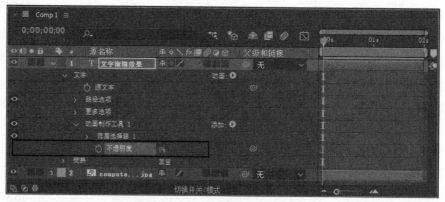

图 5-43　设置【不透明度】属性

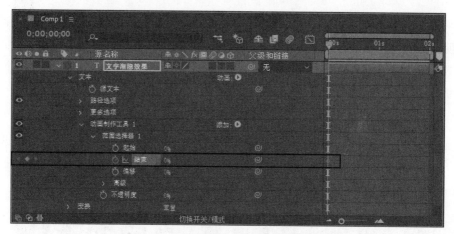

图 5-44　设置范围选择器的【结束】属性

步骤05　向右拖曳时间线滑块，在渐隐效果的结束位置将【结束】属性设置为100%，会自动生成关键帧，如图5-45所示。

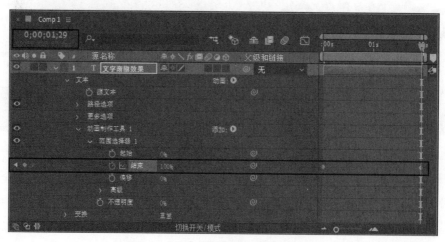

图 5-45　将【结束】属性设置为100%

此时，拖动时间线滑块即可观察制作好的文字渐隐效果，通过以上步骤即可完成制作文字渐隐的效果，如图5-46所示。

图5-46 文字渐隐效果

5.3 文字的应用

After Effects旧版本中的【创建外轮廓】命令，在新版本中被分成了【从文字创建形状】和【从文字创建蒙版】两个命令。本节将详细介绍使用这两个命令进行文字应用的方法。

5.3.1 使用文字创建蒙版

After Effects新版本中的【从文字创建蒙版】命令的功能和使用方法与原来的【创建外轮廓】命令完全一样，下面详细介绍使用文字创建蒙版的操作方法。

步骤01 打开"素材文件\第5章\AE.aep"，在【时间轴】面板中选择文字图层，在菜单栏中选择【图层】→【创建】→【从文字创建蒙版】命令，如图5-47所示。

步骤02 系统会自动生成一个白色的固态图层，并将蒙版创建到这个图层上，同时原始的文字图层将自动关闭显示，这样即可完成使用文字创建蒙版的操作，如图5-48所示。

图 5-47　选择【从文字创建蒙版】命令

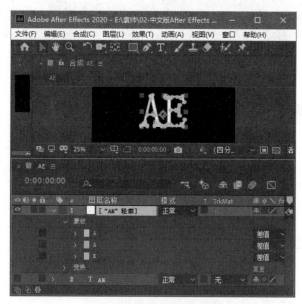

图 5-48　使用文字创建蒙版

　　在 After Effects 中，【从文字创建蒙版】的功能非常实用，可以在转化后的蒙版图层上应用各种特效，还可以将转化后的蒙版赋予其他图层使用。

5.3.2　创建文字形状动画

After Effects新版本中的【从文字创建形状】命令，可以创建一个以文字轮廓为形状的形状图层，下面详细介绍创建文字形状动画的操作方法。

步骤01　打开"素材文件\第5章\AE.aep"，在【时间轴】面板中选择文字图层，在菜单栏中选择【图层】→【创建】→【从文字创建形状】命令，如图5-49所示。

步骤02　系统会自动生成一个新的文字形状轮廓图层，同时原始的文字图层将自动关闭显示，这样即可完成创建文字形状动画的操作，如图5-50所示。

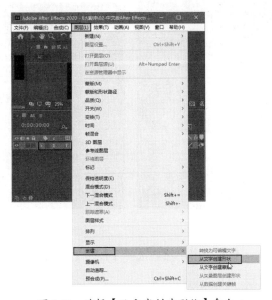

图 5-49　选择【从文字创建形状】命令

图 5-50　创建文字形状动画效果

📚 **课堂范例——制作轮廓文字动画**

通过本例的学习，读者可以掌握修剪路径属性在制作文字特效时的应用方法，下面详细介绍制作轮廓文字动画的操作方法。

步骤01 打开"素材文件\第5章\轮廓文字素材.aep"，使用【横排文字工具】 T 输入"清凉一夏"字样，如图5-51所示。

步骤02 在【字符】面板中，设置字体、字体颜色、字体大小和字符间距等参数值，如图5-52所示。

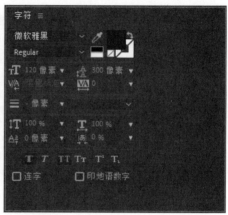

图5-51　输入文本　　　　　　　　　　图5-52　设置字符

步骤03 选择【清凉一夏】图层，然后选择【图层】→【创建】→【从文字创建形状】命令，如图5-53所示。

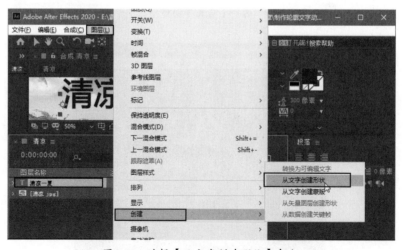

图5-53　选择【从文字创建形状】命令

步骤04 展开轮廓图层，单击【内容】选项组后面的【添加】按钮 ▶，在弹出的列表中选择【修剪路径】选项，如图5-54所示。

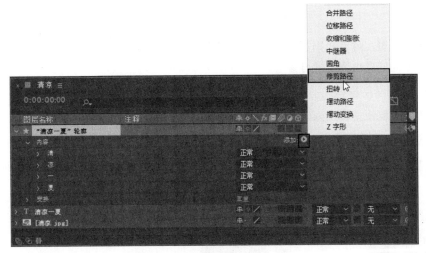

图5-54 选择【修剪路径】选项

步骤05 展开【内容】→【修剪路径1】，在第0帧处设置关键帧动画【结束】属性为0%，在第4秒处设置其为100%，然后在【修剪多重形状】中选择【单独】选项，如图5-55所示。

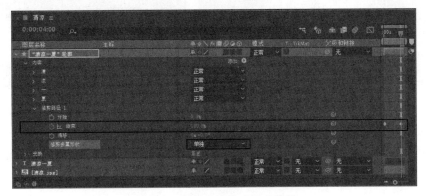

图5-55 设置关键帧动画及属性

步骤06 此时，拖动时间线滑块即可观察制作好的轮廓文字动画效果，这样就完成了制作轮廓文字动画的操作，如图5-56所示。

图5-56 轮廓文字动画效果

课堂问答

通过本章的讲解，读者对创建与编辑文字、添加文字属性、创建文字动画有了一定的了解，下面列出一些常见的问题供读者学习参考。

问题❶：如何使用基本文字滤镜创建文字？

答：基本文字滤镜主要用来创建比较规整的文字，可以设置文字的大小、颜色及文字间距等。

步骤01　在菜单栏中选择【效果】→【过时】→【基本文字】命令，如图5-57所示。

步骤02　在【基本文字】对话框中，输入相应的文字即可使用基本文字滤镜创建文字，如图5-58所示。

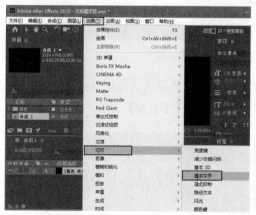
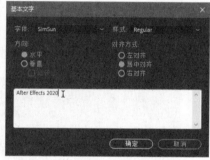

　　　图5-57　选择【基本文字】命令　　　　　　　　图5-58　输入相应的文字

问题❷：如何使用路径文字滤镜创建文字？

答：路径文字滤镜可以让文字在自定义的遮罩路径上产生一系列的运动效果，还可以使用该滤镜完成"逐一打字"的效果。

步骤01　在菜单栏中选择【效果】→【过时】→【路径文本】命令，如图5-59所示。

步骤02　在【路径文字】对话框中输入相应的文字即可，如图5-60所示。

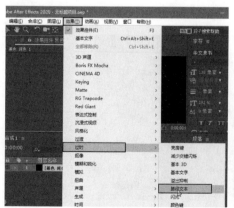

　　　图5-59　选择【路径文本】命令　　　　　　　　图5-60　输入相应的文字

问题❸：如何使用编号滤镜创建文字？

答：编号滤镜主要用来创建各种数字效果，尤其是对创建数字的变化效果非常有用。

步骤01 在菜单栏中选择【效果】→【文本】→【编号】命令，如图5-61所示。

步骤02 在弹出的【编号】对话框中设置详细的选项，即可使用编号滤镜创建文字，如图5-62所示。

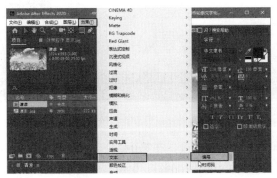 

图5-61 选择【编号】命令　　　　　　图5-62 设置详细的选项

上机实战——制作多彩文字宣传片头

通过本章的学习，为让读者巩固本章知识点，下面讲解一个技能综合案例，使读者对本章的知识有更深入的了解。

效果展示

  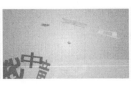 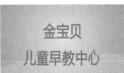

思路分析

本例主要通过文本图层的属性及动画制作工具和摆动选择器的综合应用，来制作本例的效果。通过对本例的学习，读者可以掌握文本图层的属性及动画制作工具和摆动选择器在制作文字特效时的应用方法。

制作步骤

步骤01 打开"素材文件\第5章\上机实战——制作多彩文字宣传片头\多彩文字素材.aep"，双击【项目】面板中的Comp 1加载合成，如图5-63所示。

步骤02 使用【横排文字工具】 T 创建一个"金宝贝儿童早教中心"的文字图层，然后在【字符】面板中设置字体系列、字体颜色、字体大小和行距等参数值，如图5-64所示。

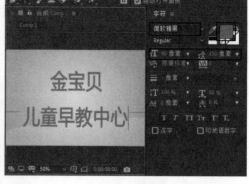

图5-63 加载合成   图5-64 设置字符

步骤03 设置文字图层的【缩放】属性的关键帧动画，在第0帧处，设置【缩放】的数值为（63，63%）；在第3秒处，设置【缩放】的数值为（100，100%），如图5-65所示。

图5-65 设置【缩放】属性的关键帧动画

步骤04 展开【文字】图层，单击【文本】选项组后面的【添加】按钮 ▶，在弹出的列表中选择【锚点】选项，如图5-66所示。

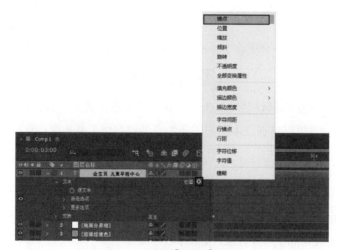

图5-66 选择【锚点】选项

步骤05 修改【锚点】属性的值为（0，−30），如图5-67所示。

图5-67 设置【锚点】属性值

步骤06 选择【动画制作工具1】，按【Ctrl+D】快捷键进行复制，复制后将会得到【动画制作工具2】，然后展开【动画制作工具2】属性项，修改【锚点】属性的值为（0，0）；接着单击【添加】按钮，在弹出的列表中选择【选择器】→【摆动】选项，为其添加摆动选择器，如图5-68所示。

图5-68 修改属性、添加摆动选择器

步骤07 展开【摆动选择器1】，修改【摇摆/秒】为0，【关联】为73%。然后设置关键帧动画，在第0帧处，设置【时间相位】为2x+0°，【空间相位】为2x+0°；在第10帧处，设置【时间相位】为2x+200°，【空间相位】为2x+150°；在第20帧处，设置【时间相位】为4x+160°，【空间相位】为4x+125°；在第1秒05帧处，设置【时间相位】为4x+150°，【空间相位】为4x+110°，如图5-69所示。

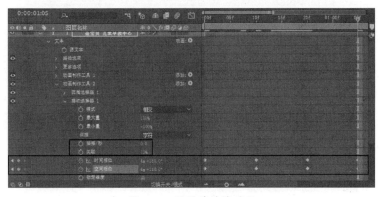

图5-69 设置关键帧动画

步骤08 单击【动画制作工具2】后面的【添加】按钮 ，在弹出的列表中选择【属性】→
【位置】选项，如图5-70所示。

步骤09 用相同的方法完成【缩放】、【旋转】和【填充颜色】下【色相】的添加，如
图5-71所示。

步骤10 展开【摆动选择器1】，设置关键帧。在第1秒05帧处，设置【位置】为（400，
400），【缩放】为（600，600%），【旋转】为1x+115°，【填充色相】为0x+60°；在第2秒处，设置
【位置】为（0，0），【缩放】为（100，100%），【旋转】为0x+0°，【填充色相】为0x+0°，如图5-72
所示。

图5-70 添加属性（1）

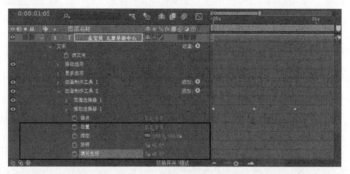

图5-71 添加属性（2）

图5-72 设置关键帧

通过以上步骤即可完成制作多彩文字宣传片头，效果如图5-73所示。

图5-73 最终效果

同步训练——制作墨迹喷溅文字效果

通过上机实战案例的学习后，为增强读者的动手能力，下面安排一个同步训练案例，让读者达到举一反三、触类旁通的学习效果。

图解流程

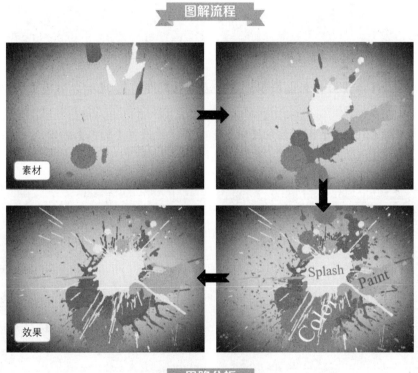

思路分析

通过本章的学习，读者基本可以掌握文字特效动画的创建及应用的基本知识，以及一些常见的操作方法，本例介绍制作墨迹喷溅文字效果，从而达到巩固拓展的目的。

本例首先拖曳素材到【时间轴】面板中并设置其参数，然后添加效果并设置其参数，以此类推制作出其他图层和效果，最后再创建文本图层并设置详细的参数。

关键步骤

步骤01 打开"素材文件\第5章\墨迹喷溅.aep"，将【项目】面板中的"01.mov"素材文件拖曳到【时间轴】面板中，然后设置【缩放】为（225，225%），如图5-74所示。

步骤02 打开【效果和预设】面板，将【颜色键】效果拖曳到【01.mov】图层上，如图5-75所示。

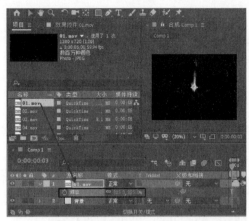
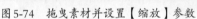

图5-74 拖曳素材并设置【缩放】参数

图5-75 添加【颜色键】效果

步骤03 在【效果控件】面板中，设置【主色】为黑色，【颜色容差】为30，如图5-76所示。

步骤04 为【01.mov】图层添加【填充】效果，并设置【颜色】为紫色（RGB为174、0、255），如图5-77所示。

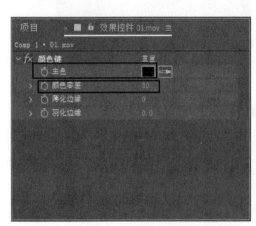

图5-76 设置参数

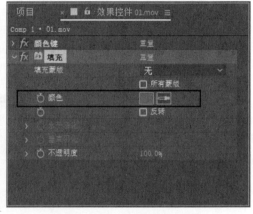

图5-77 添加效果并设置参数

步骤05 此时拖曳时间线滑块，可以看到的效果如图5-78所示。

步骤06 以此类推，制作出【02.mov】、【03.mov】、【04.mov】、【05.mov】和【06.mov】图层和效果，如图5-79所示。

步骤07 此时拖动时间线滑块，可以查看到的效果如图5-80所示。

步骤08 接下来在菜单栏中选择【图层】→【新建】→【文本】命令，如图5-81所示。

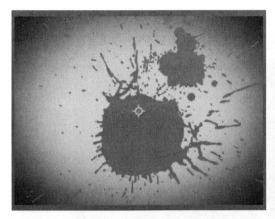

图 5-78　看到的效果（1）

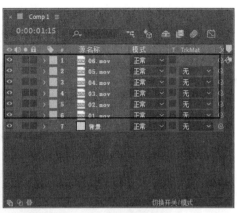

图 5-79　制作其他图层和效果

图 5-80　看到的效果（2）

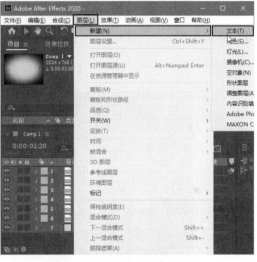

图 5-81　选择【文本】命令

步骤09　在【合成】面板中输入文字内容"Color"，设置【字体】为BlackadderITC，【字体大小】为120，【字体颜色】为白色，单击【粗体】按钮，如图5-82所示。

图 5-82　输入文字内容并设置字符参数

步骤10 将【时间轴】面板中的【Color】图层拖曳到【05.mov】图层下方，设置图层的起始时间为第7帧的位置，设置【位置】为（473，725），【旋转】为0x–55°，如图5-83所示。

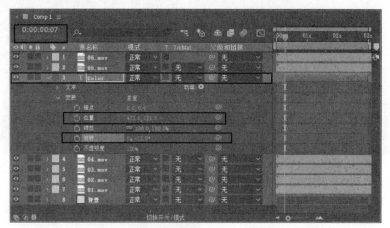

图5-83 设置【Color】图层

步骤11 以此类推，制作出【Paint】和【Splash】文字图层，如图5-84所示。

图5-84 制作出【Paint】和【Splash】文字图层

步骤12 此时拖动时间线滑块可以查看最终制作的墨迹喷溅文字动画效果，如图5-85所示。

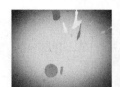

图5-85 最终制作的墨迹喷溅文字动画效果

📄 知识能力测试

本章详细讲解了文字特效动画的创建及应用，为对知识进行巩固和考核，接下来布置相应的练习题。

一、填空题

1. 在【工具】面板中，单击_____即可创建文字。

2. 在 After Effects 中创建文字后，即可进入_____面板和【段落】面板修改文字效果。

3. 在创建文字后，可以在_____面板中对文字的字体系列、字体样式、填充颜色、描边颜色、字体大小、行距、两个字符间的字偶间距、所选字符间距、描边宽度、描边类型、垂直缩放、水平缩放、基线偏移、所选字符比例间距和字体类型进行设置。

二、选择题

1. 在（　　　）面板中可以设置文本的对齐方式和缩进大小。

    A.【段落】   B.【字符】

    C.【字体系列】   D.【字体样式】

2. （　　　）可以使文字按照特定的顺序进行移动和缩放。

    A. 动画选择器   B. 表达式选择器

    C. 范围选择器   D. 摆动选择器

三、简答题

1. 如何创建文本图层？

2. 如何使用文字创建蒙版？

第6章

创建与制作动画

　　动画是一门综合艺术，它融合了绘画、漫画、电影、数字媒体、摄影、音乐、文学等艺术学科，给观众带来更多的视觉体验。在After Effects中，可以为图层添加关键帧动画，使其产生基本的位置、缩放、旋转、不透明度等动画效果，还可以为素材已经添加的效果参数设置关键帧动画，产生效果的变化。本章将详细介绍创建与制作动画的相关知识。

学习目标

- 学会操作时间轴的方法
- 熟练掌握创建关键帧动画的方法
- 熟练掌握设置时间的方法
- 熟练掌握使用图表编辑器方法

6.1 操作时间轴

通过控制时间轴，可以对以正常速度播放的画面进行加速或减速，甚至反向播放，还可以产生一些非常有趣或者富有戏剧性的动态图像效果，本节介绍操作时间轴的相关方法。

6.1.1 使用时间轴控制速度

在【时间轴】面板中，单击 按钮，可展开时间伸缩属性，如图6-1所示。伸缩属性可以加快或者放慢动态素材层的时间，默认情况下伸缩值为100%，代表以正常速度播放片段；小于100%时，会加快播放速度；大于100%时，将减慢播放速度。不过时间伸缩不可以形成关键帧，因此不能制作时间变速的动画特效。

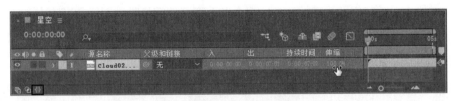

图6-1　使用时间轴控制速度

6.1.2 设置声音的时间轴属性

除了视频，在After Effects中还可以对音频应用伸缩功能。调整音频层的伸缩值，可以听到声音的变化，如图6-2所示。

图6-2　设置声音的时间轴属性

如果某个素材层同时包含音频和视频信息，在调整伸缩速度时，希望只影响视频信息，而音频信息保持正常速度播放，就需要将该素材层复制一份，两个层中一个层关闭视频信息，但保留音频部分，不改变伸缩速度；另一个关闭音频信息，保留视频部分，调整伸缩速度即可。

6.1.3 使用入点和出点控制面板

入点和出点参数面板不但可以方便地控制层的入点和出点信息，而且隐藏了一些快捷功能，通过它们同样可以改变素材片段的播放速度和伸缩值。

在【时间轴】面板中，调整当前时间线滑块到某个时间位置，在按住【Ctrl】键的同时，单击入点或者出点参数，即可改变素材片段播放的速度，如图6-3所示。

图6-3 改变素材片段播放的速度

6.1.4 时间轴上的关键帧

如果素材层上已经制作了关键帧动画，那么在改变其伸缩值时，不仅会影响本身的播放速度，关键帧之间的时间距离还会随之改变。例如，将伸缩值设置为50%，原来关键帧之间的距离就会缩短一半，关键帧动画速度同样也会加快一倍，如图6-4所示。

图6-4 改变伸缩值

如果不希望在改变伸缩值时影响关键帧时间位置，则需要全选当前层的所有关键帧，然后选择【编辑】→【剪切】命令或按【Ctrl+X】快捷键，暂时将关键帧信息剪切到系统剪贴板中，调整伸缩值，在改变素材层的播放速度后，选择使用关键帧的属性，再选择【编辑】→【粘贴】命令或按【Ctrl+V】快捷键，将关键帧粘贴回当前层。

创建关键帧动画

6.2

After Effects 除了合成以外，动画也是它的强项。这个动画的全名其实应该叫作关键帧动画，因此，如果需要在 After Effects 中创建动画，一般需要通过关键帧来产生。本节将详细介绍关键帧动画的相关知识及操作方法。

6.2.1　什么是关键帧

关键帧的概念来源于传统的动画片制作。人们看到的视频画面，其实是一幅幅图像快速播放而产生的视觉欺骗，在早期的动画制作中，这些图像中的每一张都需要动画师绘制出来，如图 6-5 所示。

图片一　　　图片二　　　图片三　　　图片四

图片五　　　图片六　　　图片七　　　图片八

图 6-5　早期的动画制作

所谓关键帧动画，就是给需要动画效果的属性，准备一组与时间相关的值，这些值都是在动画序列中比较关键的帧中提取出来的，而其他时间帧中的值，可以用这些关键值，采用特定的插值方法计算得到，从而达到比较流畅的动画效果。

动画是基于时间的变化，如果层的某个动画属性在不同时间产生不同的参数变化，并且被正确地记录下来，那么可以称这个动画为"关键帧动画"。

在 After Effects 的关键帧动画中，至少需要两个关键帧才能产生作用，第 1 个关键帧表示动画的初始状态，第 2 个关键帧表示动画的结束状态，而中间的动态则由计算机通过插值计算得出。比如，可以在 0 秒的位置设置不透明度属性为 0%，然后在 1 秒的位置设置不透明度属性为 100%，如果这个变化被正确地记录下来，那么图层就产生了不透明度在 0 ～ 1 秒从 0% 到 100% 的变化。

6.2.2　创建关键帧动画

在【时间轴】面板中将时间线拖曳至合适的位置处，然后单击【属性】前的【时间变化秒表】按钮 ，此时在【时间轴】面板中的相应位置处就会自动出现一个关键帧，如图 6-6 所示。

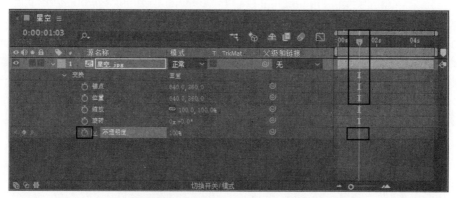

图6-6　单击【属性】前的【时间变化秒表】按钮

再将时间线拖曳至另一个合适的位置处，并设置【属性】参数，此时在【时间轴】面板中的相应位置处就会再次自动出现一个关键帧，从而使画面形成动画效果，如图6-7所示。

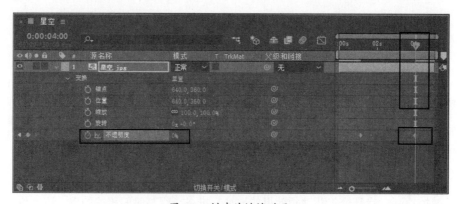

图6-7　创建关键帧动画

📖 课堂范例——在【合成】面板中调整动画效果

设置关键帧后，为了提高动态合成效果中的质量，用户需要灵活应用 After Effects，从而获得最大程度的质量保障，本例将详细介绍在【合成】面板中如何调整动画效果。

步骤01　打开"素材文件\第6章\wow.aep"，选择文字，如图6-8所示。

图6-8　选择文字

步骤02 为文字的【位置】设置关键帧动画，如图6-9所示。

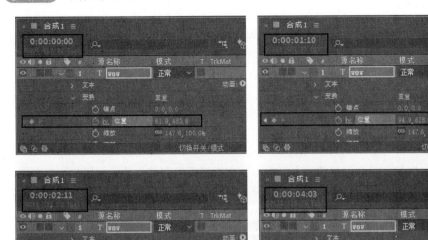

图6-9 设置关键帧动画

步骤03 此时选择文字，并拖曳时间线滑块可以看到在【合成】面板中已经显示出了动画的运动路径，并且路径非常完整，但在播放动画时，动画并不流畅，如图6-10所示。

图6-10 【合成】面板中显示出的动画

步骤04 为了使动画更流畅，可以在【合成】面板中单击并拖曳点，使曲线变得更光滑，然后再播放视频，就会流畅很多了，如图6-11所示。

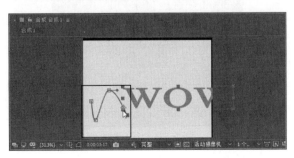

图6-11 拖曳点使其变得更光滑

6.3 设置时间

在【时间轴】面板中，还可以进行一些关于时间的设置，如颠倒时间、确定时间调整基准点和应用重置时间命令等，本节将详细介绍设置时间的相关知识及操作方法。

6.3.1 颠倒时间

在视频节目中，经常会看到倒放的动态影像，其实把伸缩值调整为负值即可实现。例如，保持片段原来的播放速度进行倒放，其实将伸缩值设置为-100%即可，如图6-12所示。

图 6-12　颠倒时间

当伸缩值为负值时，图层上会出现红色的斜线，这表示已经颠倒了时间。但是，图层会移动到其他地方，这是因为在颠倒时间的过程中，是以图层的入点为变化基准，所以反向时会导致位置上的变动，将其拖曳到合适位置即可。

6.3.2 确定时间调整基准点

在拉伸时间的过程中，发现变化时的基准点在默认情况下是以入点为标准的，特别是在颠倒时间的练习中能更明显地感受到这一点。其实在 After Effects 中，时间调整的基准点同样是可以改变的。

单击伸缩参数，弹出【时间伸缩】对话框，在【原位定格】设置区域可以设置在改变时间伸缩值时层变化的基准点，如图6-13所示。

图 6-13　【时间伸缩】对话框

- 图层进入点：以层入点为基准，也就是在调整过程中，固定入点位置。

- 当前帧：以当前时间指针为基准，也就是在调整过程中，同时影响入点和出点位置。
- 图层输出点：以层出点为基准，也就是在调整过程中，固定出点位置。

6.3.3　应用重置时间命令

重置时间可以随时重新设置素材片段播放速度。与伸缩不同的是，重置时间可以设置关键帧，创作各种时间变速动画。重置时间可以应用在动态素材上，如视频素材层、音频素材层和嵌套合成等。

在【时间轴】面板中选择视频素材层，然后在菜单栏中选择【图层】→【时间】→【启用时间重映射】命令，或者按【Ctrl+Alt+T】快捷键，可激活【时间重映射】属性，如图 6-14 所示。

图 6-14　激活【时间重映射】属性

添加【时间重映射】属性后会自动在视频层的入点和出点位置加入两个关键帧，入点位置关键帧记录了片段起始帧时间，出点位置关键帧记录了片段最后的时间。

课堂范例——制作粒子汇集文字

本例将通过输入文字，以及在文字上添加滤镜效果和动画倒放效果，来完成制作粒子汇集文字的效果，下面详细介绍其操作方法。

步骤01　按【Ctrl+N】快捷键，打开【合成设置】对话框，在【合成名称】文本框中输入"粒子发散"，并设置如图 6-15 所示的参数，创建一个新的合成"粒子发散"。

步骤02　选择【横排文字工具】，在【合成】面板中输入文字"AFTER EFFECTS"，如图 6-16 所示。

图 6-15　新建合成

图 6-16　输入文字

步骤 03　选择文字，在【字符】面板中设置文字参数，如图6-17所示。

步骤 04　此时可以看到【合成】面板中的效果，如图6-18所示。

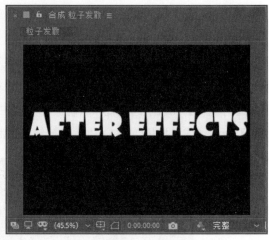

图6-17　设置文字参数　　　　　　　　　　　图6-18　文字效果

步骤 05　选择文字图层，在菜单栏中选择【效果】→【模拟】→【CC Pixel Polly】命令，在【效果控件】面板中进行详细的参数设置，如图6-19所示。

步骤 06　此时可以看到【合成】面板中的效果，如图6-20所示。

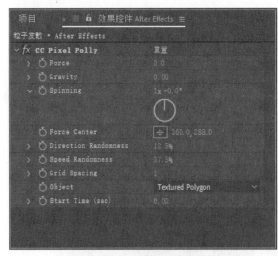

图6-19　设置效果参数　　　　　　　　　　　图6-20　调整后的文字效果

步骤 07　选择文字图层，在【时间轴】面板中将时间线滑块拖曳到0s的位置，在【效果控件】面板中，单击"Force"前面的【关键帧自动记录器】按钮 ，记录第1个关键帧，如图6-21所示。

步骤 08　将时间线滑块拖曳到4秒24帧的位置，在【效果控件】面板中，设置"Force"为–0.6，记录第2个关键帧，如图6-22所示。

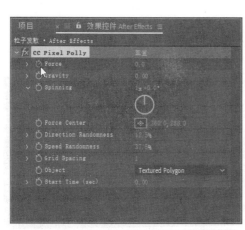
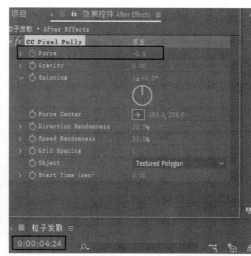

图 6-21　记录"Force"第 1 个关键帧　　　　图 6-22　记录"Force"第 2 个关键帧

步骤09　选择文字图层，将时间线滑块拖曳到 3 秒的位置，然后在【效果控件】面板中，单击"Gravity"前面的【关键帧自动记录器】按钮，记录第 1 个关键帧，如图 6-23 所示。

步骤10　将时间线滑块拖曳到 4s 的位置，在【效果控件】面板中，设置"Gravity"为 3，记录第 2 个关键帧，如图 6-24 所示。

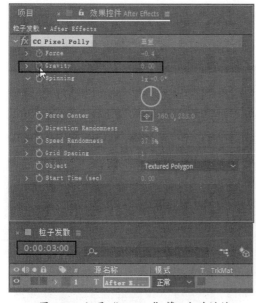
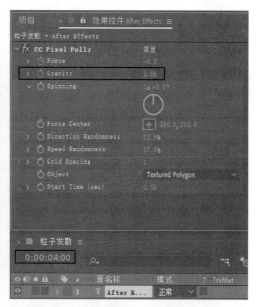

图 6-23　记录"Gravity"第 1 个关键帧　　　　图 6-24　记录"Gravity"第 2 个关键帧

步骤11　选择文字图层，在菜单栏中选择【效果】→【风格化】→【发光】命令，在【效果控件】面板中，设置"颜色 A"为红色（R、G、B 值分别为 255、0、0），"颜色 B"为黄色（R、G、B 值分别为 255、254、130），其他参数设置如图 6-25 所示。

步骤12 此时可以看到【合成】面板中的效果，如图6-26所示。

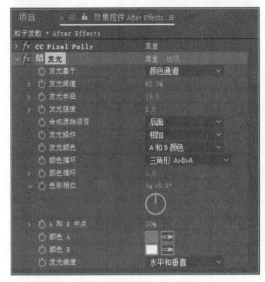

图6-25 添加发光效果并设置参数　　　　　　　　图6-26 【合成】面板中的效果

步骤13 按【Ctrl+N】快捷键，打开【合成设置】对话框，在【合成名称】文本框中输入"粒子汇集"，并设置如图6-27所示的参数，创建一个新的合成"粒子汇集"。

步骤14 导入本例的素材文件"星空.jpg"，并将"粒子发散"合成和"星空.jpg"文件拖曳到【时间轴】面板中，如图6-28所示。

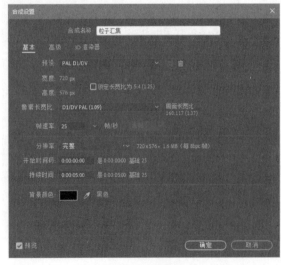

图6-27 创建合成　　　　　　　　　　　　　图6-28 导入素材文件

步骤15 选择【粒子发散】层，在菜单栏中选择【图层】→【时间】→【时间伸缩】命令，弹出【时间伸缩】对话框，在对话框中设置【拉伸因数】为−100%，单击【确定】按钮，如图6-29所示。

图6-29 设置时间伸缩

步骤16 时间线滑块会自动移动到0帧位置，按【[】键，将素材对齐，实现倒放功能，如图6-30所示。

图6-30 实现倒放功能

通过以上步骤即可完成制作粒子汇集文字的效果，如图6-31所示。

图6-31 完整制作粒子汇集文字

图表编辑器

图表编辑器是After Effects在整合以往版本的速率图表基础上提供的更丰富、更人性化的控制动画的一个全新功能模块，本节将详细介绍图表编辑器的相关知识。

6.4.1 调整图表编辑器视图

用户可以单击【图表编辑器】按钮，在关键帧编辑器和动画曲线编辑器之间切换，如图6-32所示。

图表编辑器有非常方便的视图控制能力，最常用的有以下3种按钮工具。

• 【自动缩放图表高度】按钮：以曲线高度为基准自动缩放视图。

• 【使用选择适于查看】按钮：将选择的曲线或者关键帧显示自动匹配到视图范围。

• 【使所有图表适于查看】按钮：将所有的曲线显示自动匹配到视图范围。

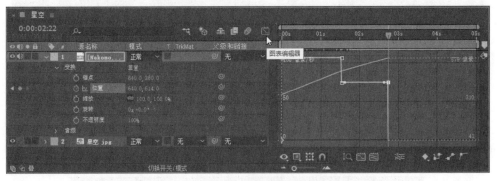

图6-32　单击【图表编辑器】按钮

6.4.2 数值和速度变化曲线

数值变化曲线往上伸展代表属性值增大，往下伸展代表属性值减小，如果是水平延伸，则代表属性值无变化；平缓的斜线代表属性值慢速变化，陡峭的斜线代表属性值快速变化，弧线代表属性值加速或减速变化。

速度变化曲线主要反映属性变化的速率，因此无论怎么调整，都不会影响实际的属性值，如果是水平延伸则代表匀速运动，曲线则代表变速运动。

6.4.3 在图表编辑器中移动关键帧

单击【选择多个关键帧时，显示"变换"框】按钮，激活关键帧编辑框。当选择多个关键帧时，多个关键帧就会形成一个编辑框，可以调整整体，甚至可以对多个关键帧位置和值进行成比例缩放。因为编辑框中关键帧的位置是相对位置，彻底打破了过去编辑多个关键帧时固定间距的局限，该功能可以整体缩短一段复杂的关键帧动画或者整体改变动画幅度，如图6-33所示。

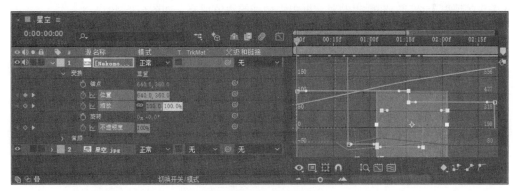

图6-33 激活关键帧编辑框

图表编辑器中的自动吸附功能使用非常方便，并且更为强大和丰富，可以将关键帧与入点、出点、标记、当前时间指针、其他关键帧等进行自动吸附对齐操作，单击【对齐】按钮 即可激活此功能，如图6-34所示。

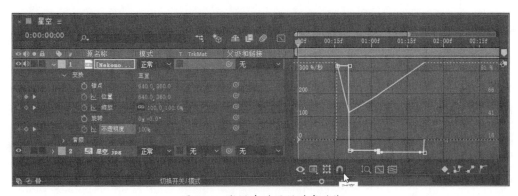

图6-34 激活自动吸附对齐功能

在图表编辑器中，有一些可以快速实现关键帧"时间插值运算"方式的按钮，只要先选择一个或者多个关键帧，通过这些按钮可以选择诸如线性、自动曲线、静态的插值方式。

- ：关键帧菜单，相当于在关键帧上右击。
- ：将选定的关键帧转换为静态方式。
- ：将选定的关键帧转换为线性方式。
- ：将选定的关键帧转换为自动曲线方式。

如果这些预置的算法不能满足需求，可以手动调整速度曲线达到个性化的效果，或者运用另外3个关键帧的助手按钮，可快速实现一些通用时间速率特效。

- 【缓动】按钮 ：同时平滑关键帧入和出的速率，一般为减速度入关键帧，加速度出关键帧。

- 【缓入】按钮 ：仅平滑关键帧入时的速率，一般为减速度入关键帧。
- 【缓出】按钮 ：仅平滑关键帧出时的速率，一般为加速度出关键帧。

若采用更数据化的调整关键帧"时间插值"的方法，则单击 按钮，然后在弹出的下拉列表中选择【关键帧速度】选项，在弹出的对话框中用精确的数值调整，如图6-35所示。

图6-35 【关键帧速度】对话框

【关键帧速度】对话框分为【进来速度】和【输出速度】两个区块。数值框中设置速度值，单位为变化单位/秒，这里的变化单位根据属性不同而有所不同。

- 影响：设置速度的影响范围。
- 连续：是否将入点速度与出点速度设为相同。

课堂问答

通过本章的讲解，读者对操作时间轴、创建关键帧动画、设置时间和图表编辑器有了一定的了解，下面列出一些常见的问题供学习参考。

问题 ❶：如何对一组关键帧进行整体时间的缩放？

答：同时选择3个以上的关键帧，在按住【Alt】键的同时使用鼠标左键拖曳第一个或最后一个关键帧，可以对这组关键帧进行整体时间的缩放。

问题 ❷：如何优化显示质量？

答：在进行嵌套时，如果不继承原始合成项目的分辨率，那么在对被嵌套合成制作缩放之类的动画时，就有可能产生马赛克效果，这时就需要开启【折叠变换/连续栅格化】，该功能可以提高图层分辨率，使图层画面清晰。

如果要开启【折叠变换/连续栅格化】，可以在【时间轴】面板中的图层开关栏中单击【折叠变换/连续栅格化】 按钮，如图6-36所示。

图6-36 开启【折叠变换/连续栅格化】

问题❸：如何让视频预览更流畅？

答：当制作的文件特效比较多或文件素材尺寸较大时，在【合成】面板观看视频是非常大的。那么就需要在【合成】面板中将【放大率弹出式菜单】和【分辨率/向下采样系数弹出式菜单】设置得更小一些，这样播放时，视频就会比调整之前变得更加流畅，如图6-37所示。

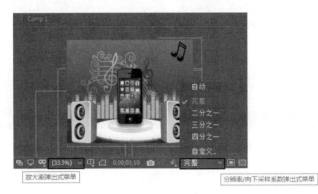

图6-37　让视频预览更流畅

上机实战——制作风车旋转动画

通过本章的学习，为让读者巩固本章知识点，下面讲解一个技能综合案例，使大家对本章的知识有更深入的了解。

效果展示

思路分析

用户可以利用【旋转】属性制作一个风车旋转动画的效果，本例详细介绍关键帧制作风车旋转动画的操作方法。

制作步骤

步骤01　在【项目】面板中右击，在弹出的快捷菜单中选择【新建合成】命令，如图6-38所示。

步骤02　在弹出的【合成设置】对话框中，设置【合成名称】为【合成1】，并设置如图6-39所示的参数，创建一个新的合成。

图 6-38 选择【新建合成】命令

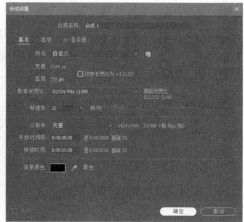

图 6-39 创建一个新合成

步骤03 在【项目】面板空白处双击，在弹出的对话框中选择需要的素材文件，然后单击【导入】按钮，如图 6-40 所示。

步骤04 将【项目】面板中的素材文件按顺序拖曳到【时间轴】面板中，如图 6-41 所示。

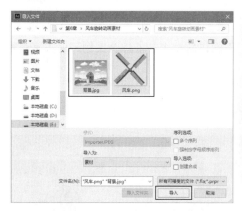

图 6-40 导入素材文件

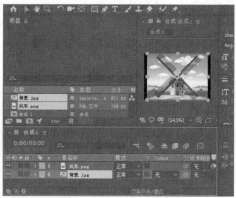

图 6-41 拖曳素材文件

步骤05 设置【风车.png】图层的【锚点】为（387，407），【位置】为（514，409），【缩放】为（50，50%），如图 6-42 所示。

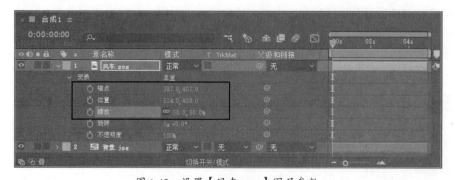

图 6-42 设置【风车.png】图层参数

步骤06　将时间线拖到起始帧的位置，开启【风车.png】图层下【旋转】的自动关键帧，并设置【旋转】为0x+0°，如图6-43所示。

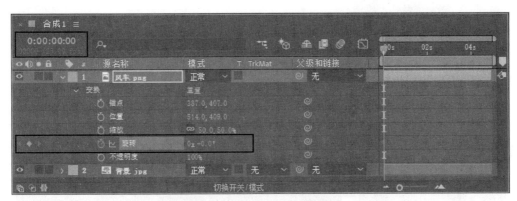

图6-43　设置【旋转】的自动关键帧

步骤07　将时间线拖到结束帧的位置，并设置【旋转】为3x+75°，如图6-44所示。

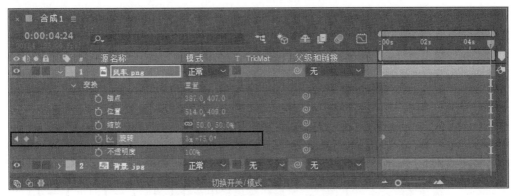

图6-44　设置【旋转】的关键帧参数

步骤08　此时拖动时间线滑块可以查看到最终效果，如图6-45所示。

图6-45　风车旋转动画的最终效果

同步训练——制作流动的云彩

通过上机实战案例的学习后，为增强读者的动手能力，下面安排一个同步训练案例，让读者达到举一反三、触类旁通的学习效果。

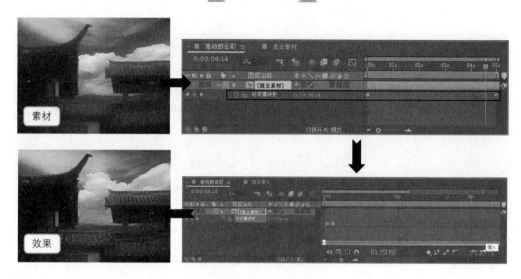

本例主要应用了【启用时间重映射】和【缓入】命令来制作流动的云彩动画，下面详细介绍制作流动的云彩的操作方法。

步骤01　打开"素材文件\第6章\流动的云彩.aep"，加载【流动的云彩】合成，如图6-46所示。

步骤02　选择【流云素材】图层，然后在菜单栏中选择【图层】→【时间】→【启用时间重映射】命令，如图6-47所示。

图6-46　加载【流动的云彩】合成

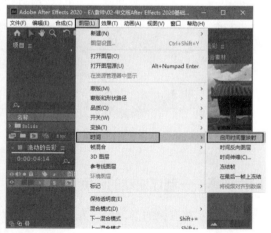

图6-47　启用时间重映射

步骤03　此时在【时间轴】面板中，可以看到已经添加了入点和出点的关键帧，如图6-48所示。

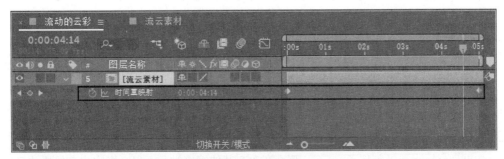

图 6-48　添加了入点和出点的关键帧

步骤04　移动关键帧，使播放时间压缩，然后单击【图表编辑器】按钮，如图6-49所示。

步骤05　切换到图表编辑器视图后，单击【缓入】按钮，使素材能够平滑地进行过渡，如图6-50所示。

图 6-49　单击【图表编辑器】按钮

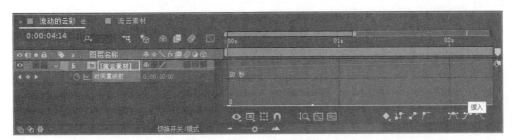

图 6-50　单击【缓入】按钮

通过以上步骤即可制作流动的云彩，效果如图6-51所示。

图 6-51　制作流动的云彩

📝 知识能力测试

本章讲解了创建与制作动画的相关知识，为对知识进行巩固和考核，接下来布置相应的练习题。

一、填空题

1. _____可以加快或者放慢动态素材层的时间，默认情况下伸缩值为100%，代表以正常速度播放片段。

2. 入点和出点参数面板不但可以方便地控制层的入点和出点信息，而且隐藏了一些快捷功能，通过它们同样可以改变素材片段的_____和_____。

3. 如果素材层上已经制作了_____，那么在改变其伸缩值时，不仅会影响本身的播放速度，关键帧之间的时间距离还会随之改变。

二、选择题

1. 动画是基于（　　）的变化，如果层的某个动画属性在不同时间产生不同的参数变化，并且被正确地记录下来，那么可以称这个动画为"关键帧动画"。

    A．空间　　　　　　　　　　　　B．位置

    C．时间　　　　　　　　　　　　D．大小

2. 在视频节目中，经常会看到倒放的动态影像，把伸缩值调整为（　　）即可实现。

    A．负值　　　　　　　　　　　　B．正值

    C．正向　　　　　　　　　　　　D．负向

3. 数值变化曲线往上伸展代表属性值增大，往下伸展代表属性值减小，如果是水平延伸，则代表属性值（　　）。

    A．持续减小　　　　　　　　　　B．不确定

    C．持续增大　　　　　　　　　　D．无变化

三、简答题

1. 如何创建关键帧动画？

2. 什么是重置时间？如何应用重置时间命令？

2020
After Effects

第7章

常用视频效果设计与制作

　　视频效果是After Effects中最核心的功能之一。由于其效果种类众多，可模拟各种质感、风格、调色、特效等，深受设计工作者的喜爱。读者在学习时，建议可以自己尝试每一种视频特效所呈现的效果及修改各种参数带来的变换，以加深对每种效果的印象和理解。本章将详细介绍常用视频效果设计与制作的相关知识。

学习目标

- 学会视频效果的基本知识及操作
- 熟练掌握常用的模糊和锐化效果
- 熟练掌握透视效果
- 熟练掌握常用的过渡类效果
- 熟练掌握其他常用的视频效果

7.1 ## 视频效果基础

视频效果是After Effects中最为主要的一部分，其效果类型非常多，每个效果包含众多参数。在生活中，我们经常会看到一些梦幻、惊奇的影视作品和广告片段，这些大多都可以通过After Effects中的效果实现。

7.1.1 什么是视频效果

在影视作品中，一般都离不开效果的使用。所谓视频效果，就是为视频文件添加特殊处理，使其更加丰富多彩，以更好地表现出作品主题，达到视频制作的目的。

After Effects 2020中的视频效果是可以应用于视频素材或其他素材图层的效果，通过添加效果并设置参数即可制作出很多绚丽特效。其中包含很多效果组分类，而每个效果组又包括很多效果。例如，【杂色和颗粒】效果组包括12种用于杂色和颗粒的效果，如图7-1所示。

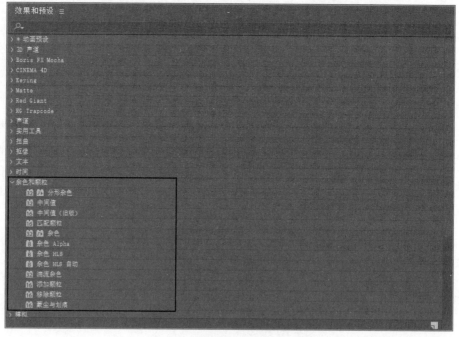

图7-1 【杂色和颗粒】效果组

7.1.2 为素材添加效果

要想制作出好的视频作品，首先要了解添加效果的基本操作，在After Effects软件中，为素材添加效果的方法有4种。下面将分别予以详细介绍。

1. 使用【效果】菜单添加效果

在【时间轴】面板中选择要使用效果的图层，在菜单栏中选择【效果】命令，然后再从其子菜单中选择要使用的某个效果命令即可，如图7-2所示。

图7-2 使用【效果】菜单添加效果

2. 使用【效果和预设】面板添加效果

在【时间轴】面板中选择要使用效果的图层，然后打开【效果和预设】面板，在该面板中双击需要的效果即可。【效果和预设】面板如图7-3所示。

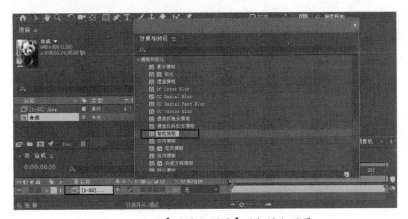

图7-3 使用【效果和预设】面板添加效果

3. 使用右键菜单添加效果

在【时间轴】面板中，在要使用效果的图层上右击，然后在弹出的快捷菜单中选择【效果】子菜单中的特效命令即可，如图7-4所示。

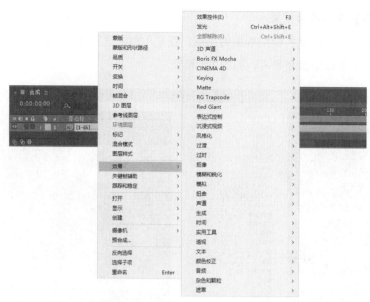

图7-4　使用右键菜单添加效果

4. 使用拖动添加效果

从【效果和预设】面板中选择某个效果，然后将其拖曳到【时间轴】面板中要应用效果的图层上即可，如图7-5所示。

图7-5　拖曳应用效果

当某图层应用多个特效时，特效会按照使用的先后顺序从上到下排列，即新添加的特效位于原特效的下方，如果想更改特效的位置，可以在【效果和预设】面板中通过直接拖动的方法，将某个特效上移或下移。不过需要注意的是，特效应用的顺序不同，产生的效果也会不同。

课堂范例——隐藏或删除智能模糊效果

为素材图层添加完效果后，用户还可以根据需要对该效果进行隐藏或删除，从而方便制作更完美的视频效果，本例详细介绍隐藏或删除智能模糊效果的操作方法。

步骤01　打开"素材文件\第7章\智能模糊.aep"，单击效果名称左边的 fx 按钮即可隐藏该效果，再次单击则可以将该效果重新开启，如图7-6所示。

图7-6　隐藏效果

步骤02　单击【时间轴】面板上图层名称右边的 fx 按钮可以隐藏该层的所有效果，再次单击则可以将效果重新开启，如图7-7所示。

图7-7　隐藏所有效果

步骤03　选择需要删除的效果，然后按【Delete】键即可将其删除。如果需要删除所有的添加效果，用户需要选择准备删除的效果图层，然后在菜单栏中选择【效果】→【全部移除】命令即可，如图7-8所示。

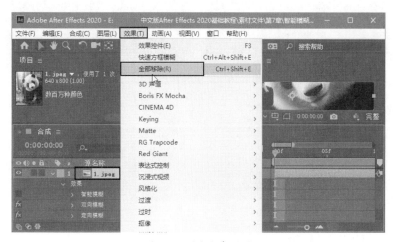

图7-8　删除全部效果

7.2 常用的模糊和锐化效果

模糊和锐化效果组主要用于模糊图像和锐化图像。通过使用这些滤镜，可以使图层产生模糊效果，这样即使是平面素材的后期合成处理，也能给人以对比和空间感，获得更好的视觉感受。本节将详细介绍常见的模糊和锐化效果的相关知识。

7.2.1 制作定向模糊效果

定向模糊效果可以按照一定的方向模糊图像。

打开"素材文件\第7章\定向模糊.aep"，选择素材，在菜单栏中选择【效果】→【模糊和锐化】→【定向模糊】命令，在【效果控件】面板中展开【定向模糊】滤镜的参数，此时参数设置如图7-9所示。

图7-9 【定向模糊】的参数设置

通过以上参数设置的前后效果如图7-10所示。

图7-10 设置的前后效果

定向模糊效果的参数说明如下。

- 方向：设置模糊方向。
- 模糊长度：设置模糊长度。

7.2.2 制作高斯模糊效果

高斯模糊效果可以均匀模糊图像。

打开"素材文件\第7章\高斯模糊.aep",选择素材,在菜单栏中选择【效果】→【模糊和锐化】→【高斯模糊】命令,在【效果控件】面板中展开【高斯模糊】滤镜的参数,其参数设置如图7-11所示。

图7-11 【高斯模糊】的参数设置

通过以上参数设置的前后效果如图7-12所示。

图7-12 设置的前后效果

高斯模糊效果的主要参数说明如下。

- 模糊度:用来调整模糊的程度。
- 模糊方向:从右侧的下拉列表中,用户可以选择模糊的方向设置,包括水平和垂直、水平、垂直3个选项。

7.2.3 制作径向模糊效果

【径向模糊】滤镜围绕自定义的一个点产生模糊效果,常用来模拟镜头的推拉和旋转效果。在图层高质量开关打开的情况下,可以指定抗锯齿的程度,在草图质量下没有抗锯齿作用。

打开"素材文件\第7章\径向模糊.aep",选择素材,在菜单栏中选择【效果】→【模糊和锐化】→【径向模糊】命令,在【效果控件】面板中展开【径向模糊】滤镜的参数,其参数设置如图7-13所示。通过以上参数设置的前后效果如图7-14所示。

径向模糊效果的参数说明如下。

- 数量:设置径向模糊的强度。
- 中心:设置径向模糊的中心位置。

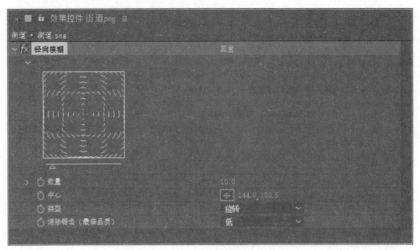

图7-13 【径向模糊】的参数设置

图7-14 设置的前后效果

- 类型：设置径向模糊的样式，共有两种样式。
  › 旋转：围绕自定义的位置点，模拟镜头旋转的效果。
  › 缩放：围绕自定义的位置点，模拟镜头推拉的效果。
- 消除锯齿（最佳品质）：设置图像的质量，共有两种质量。
  › 低：设置图像的质量为草图级别（低级别）。
  › 高：设置图像的质量为高质量。

7.2.4 制作摄像机镜头模糊效果

【摄像机镜头模糊】滤镜可以用来模拟不在摄像机聚焦平面内物体的模糊效果（即用来模拟画面的景深效果），其模糊的效果取决于"光圈属性"和"模糊图"的设置。

打开"素材文件\第7章\摄像机镜头模糊.aep"，选择素材，在菜单栏中选择【效果】→【模糊和锐化】→【摄像机镜头模糊】命令，在【效果控件】面板中展开【摄像机镜头模糊】滤镜的参数，其参数设置如图7-15所示。

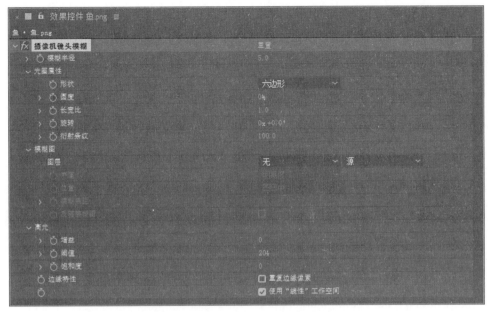

图 7-15 【摄像机镜头模糊】的参数设置

摄像机镜头模糊效果的主要参数说明如下。

- 模糊半径：设置镜头模糊的半径大小。
- 光圈属性：设置摄像机镜头的属性。
- 形状：控制摄像机镜头的形状，有三角形、正方形、五边形、六边形、七边形、八边形、九边形和十边形 8 种。
- 圆度：设置镜头的圆滑度。
- 长宽比：设置镜头的画面比率。
- 旋转：设置控制模糊的旋转程度。
- 衍射条纹：设置控制产生模糊的衍射条纹程度。
- 模糊图：读取模糊图像的相关信息。
- 图层：指定设置镜头模糊的参考图层。
- 声道：指定模糊图像的图层通道。
- 位置：指定模糊图像的位置。
- 模糊焦距：指定模糊图像焦点的距离。
- 反转模糊图：反转图像的焦点。
- 高光：设置镜头的高光属性。
- 增益：设置图像的增益值。
- 阈值：设置图像的阈值。
- 饱和度：设置图像的饱和度。

7.2.5 制作快速方框模糊效果

快速方框模糊效果可以将重复的方框模糊应用于图像。

打开"素材文件\第7章\快速模糊.aep",选择素材,在菜单栏中选择【效果】→【模糊和锐化】→【快速方框模糊】命令,在【效果控件】面板中展开【快速方框模糊】滤镜的参数,其参数设置如图7-16所示。

图7-16 【快速方框模糊】的参数设置

通过以上参数设置的前后效果如图7-17所示。

图7-17 设置的前后效果

快速方框模糊效果的参数说明如下。

- 模糊半径:设置模糊的半径大小。
- 迭代:设置反复模糊的次数。
- 模糊方向:设置模糊的方向。
- 重复边缘像素:选中此复选框可以重复边缘像素。

课堂范例——制作广告移动模糊效果

本小节学习了常用的模糊和锐化效果的相关知识,本例将详细介绍制作广告移动模糊效果的方法,来巩固和提高本小节学习的内容。

步骤01 在【项目】面板中右击,在弹出的快捷菜单中选择【新建合成】命令,如图7-18所示。

步骤02　在弹出的【合成设置】对话框中，设置【合成名称】为【合成1】，并设置如图 7-19 所示的参数，创建一个新的合成。

 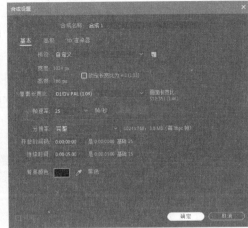

图 7-18　选择【新建合成】命令　　　　　　　图 7-19　设置合成参数

步骤03　在【项目】面板空白处双击，在弹出的对话框中选择需要的素材文件，然后单击【导入】按钮，如图 7-20 所示。

步骤04　将【项目】面板中的素材文件按顺序拖曳到【时间轴】面板中，如图 7-21 所示。

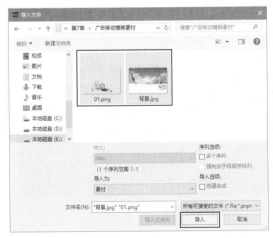 

图 7-20　导入素材文件　　　　　　　图 7-21　创建一个新的合成

步骤05　将时间线滑块拖曳到起始帧位置，开启【位置】关键帧，并设置【01.png】图层的【位置】为（−265，684），然后再将时间线滑块拖曳到第3秒的位置，设置【位置】为（512，384），如图 7-22 所示。

步骤06　为【01.png】图层添加定向模糊效果，设置【方向】为 0x+60°，如图 7-23 所示。

图7-22　设置【位置】关键帧

图7-23　添加定向模糊效果并设置参数

步骤07　将时间线滑块拖曳到起始帧位置，开启【模糊长度】的自动关键帧，设置【模糊长度】为30，然后将时间线拖曳到第3秒位置，设置【模糊长度】为0，如图7-24所示。

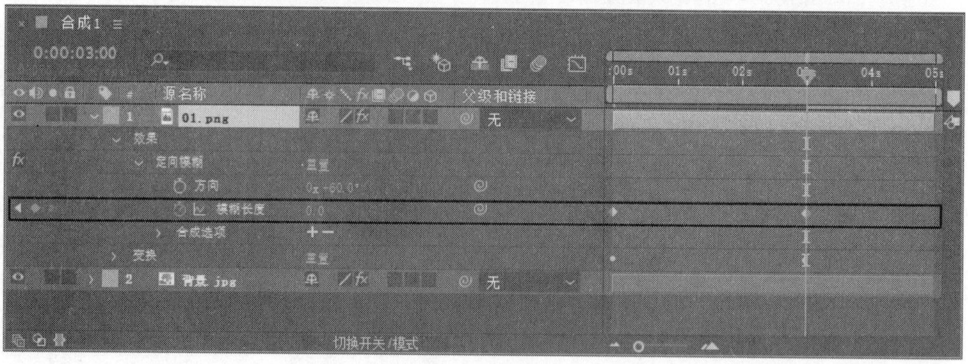

图7-24　设置【模糊长度】关键帧

步骤08　此时拖曳时间线滑块即可查看到最终制作的广告移动模糊效果，如图7-25所示。

图7-25　最终制作的广告移动模糊效果

7.3 常用的透视效果

透视效果可以为图像制作出透视效果，也可以为二维素材添加三维效果。在透视组中，主要学习透视滤镜组中的边缘斜面、斜面Alpha和投影效果的使用方法，通过使用这些滤镜，可以使图层产生光影等立体效果。

7.3.1 制作边缘斜面效果

【边缘斜面】滤镜可以为图层边缘增加斜面外观效果。

打开"素材文件\第7章\边缘斜面.aep"，选择素材，在菜单栏中选择【效果】→【透视】→【边缘斜面】命令，在【效果控件】面板中展开【边缘斜面】的参数，其参数设置如图7-26所示。

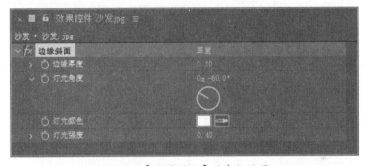

图7-26 【边缘斜面】的参数设置

通过以上参数设置的前后效果如图7-27所示。

图7-27 设置的前后效果

边缘斜面效果的参数说明如下。

- 边缘厚度：设置边缘宽度。
- 灯光角度：设置灯光角度，决定斜面的明暗面。
- 灯光颜色：设置灯光颜色，决定斜面的反射颜色。
- 灯光强度：设置灯光的强弱程度。

7.3.2 制作斜面Alpha效果

【斜面Alpha】滤镜可以通过二维的Alpha（通道）使图像出现分界，从而形成假三维的倒角效果。

打开"素材文件\第7章\ 斜面Alpha.aep"，选择素材，在菜单栏中选择【效果】→【透视】→【斜面Alpha】命令，在【效果控件】面板中展开【斜面Alpha】的参数，其参数设置如图7-28所示。

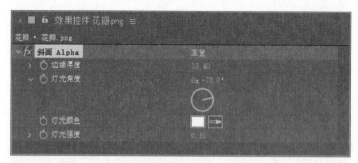

图7-28 【斜面Alpha】的参数设置

通过以上参数设置的前后效果如图7-29所示。

图7-29 设置的前后效果

斜面Alpha效果的参数说明如下。

- 边缘厚度：设置边缘斜角的厚度。
- 灯光角度：设置模拟灯光的角度。
- 灯光颜色：设置模拟灯光的颜色。
- 灯光强度：设置灯光照射的强度。

7.3.3 制作投影效果

【投影】滤镜可以根据图像的Alpha通道为图像绘制阴影效果，该效果一般应用在多图层文件中。

打开"素材文件\第7章\ 投影.aep"，选择素材，在菜单栏中选择【效果】→【透视】→【投影】命令，在【效果控件】面板中展开【投影】的参数，其参数设置如图7-30所示。

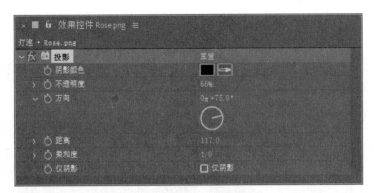

图7-30 【投影】的参数设置

通过以上参数设置的前后效果如图7-31所示。

图7-31 设置的前后效果

制作投影效果的参数说明如下。

- 阴影颜色：设置图像中阴影的颜色。
- 不透明度：设置阴影的不透明度。
- 方向：设置阴影的方向。
- 距离：设置阴影离原图像的距离。
- 柔和度：设置阴影的柔和程度。
- 仅阴影：选中【仅阴影】复选框，将只显示阴影而隐藏投射阴影的图像。

课堂范例——制作阴影图案效果

本小节学习了常用的透视效果的相关知识，本例将详细介绍制作阴影图案效果的方法，来巩固和提高本小节学习的内容。

步骤01　在【项目】面板中右击，在弹出的快捷菜单中选择【新建合成】命令，如图7-32所示。

步骤02　在弹出的【合成设置】对话框中，设置【合成名称】为【合成1】，并设置如图7-33所示的参数，创建一个新的合成。

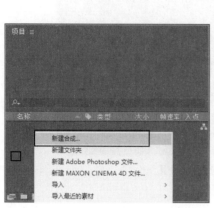

图7-32　选择【新建合成】命令

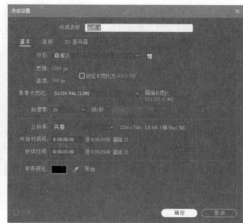

图7-33　创建一个新的合成

步骤03　在【项目】面板空白处双击，在弹出的对话框中选择本例需要的素材文件，然后单击【导入】按钮，如图7-34所示。

步骤04　将【项目】面板中的素材文件按顺序拖曳到【时间轴】面板中，如图7-35所示。

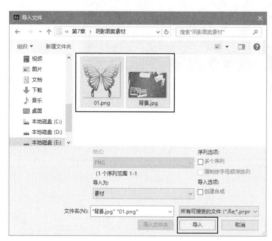

图7-34　导入素材文件

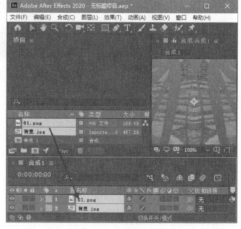

图7-35　拖曳素材文件

步骤05　在【时间轴】面板中，设置【01.png】图层的【缩放】属性为58，如图7-36所示。

步骤06　为【01.png】图层添加投影效果，设置【柔和度】为15，参数设置如图7-37所示。

图7-36　设置【缩放】属性

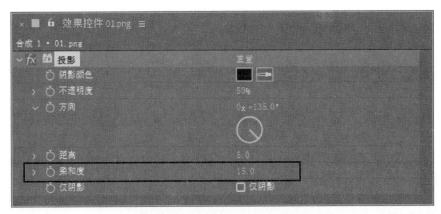

图 7-37 添加投影效果并设置参数

步骤07 将时间线滑块拖曳到起始帧位置，开启【仅阴影】的自动关键帧，设置【仅阴影】为【关】状态，然后将时间线滑块拖曳到第 3 秒位置，设置【仅阴影】为【开】状态，如图 7-38 所示。

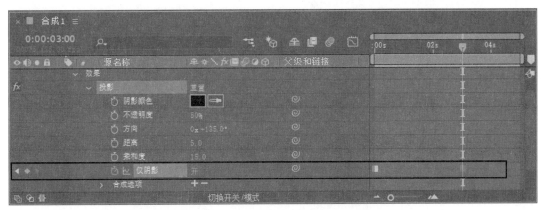

图 7-38 设置【仅阴影】关键帧

步骤08 此时拖曳时间线滑块即可查看最终制作的阴影图案效果，如图 7-39 所示。

图 7-39 最终制作的阴影图案效果

7.4 常用的过渡类效果

使用过渡类效果可以制作多种切换画面的效果。选择【时间轴】面板中的素材，右击，在弹出的快捷菜单中选择【效果】→【过渡】命令，即可看到 After Effects 中的过渡类效果，本节将详细介绍一些常用的过渡类效果。

7.4.1 制作渐变擦除效果

【渐变擦除】滤镜可以利用图片的明亮度来创建擦除效果，使其逐渐过渡到另一个素材中。

打开"素材文件\第7章\渐变擦除.aep"，选择素材，在菜单栏中选择【效果】→【过渡】→【渐变擦除】命令，在【效果控件】面板中展开【渐变擦除】的参数，其参数设置如图7-40所示。通过以上参数设置的前后效果如图7-41所示。

图 7-40 【渐变擦除】的参数设置

渐变擦除效果的参数说明如下。

- 过渡完成：设置过渡完成的百分比。
- 过渡柔和度：设置边缘的柔和程度。

图 7-41 设置参数的前后效果

- 渐变图层：设置渐变的图层。
- 渐变位置：设置渐变位置方式。
- 反转渐变：选中此复选框，反转当前渐变过渡效果。

7.4.2 制作径向擦除效果

【径向擦除】滤镜可以通过修改 Alpha 通道进行径向擦除。

打开"素材文件\第 7 章\径向擦除.aep",选择素材,在菜单栏中选择【效果】→【过渡】→【径向擦除】命令,在【效果控件】面板中展开【径向擦除】的参数,其参数设置如图 7-42 所示。

图 7-42　【径向擦除】的参数设置

通过以上参数设置的前后效果如图 7-43 所示。

图 7-43　设置参数的前后效果

径向擦除效果的参数说明如下。

- 过渡完成:设置过渡完成的百分比。
- 起始角度:设置径向擦除开始的角度。
- 擦除中心:设置径向擦除的中心点。
- 擦除:设置擦除方式为顺时针、逆时针或两者兼有。
- 羽化:设置边缘的羽化程度。

7.4.3 制作线性擦除效果

【线性擦除】滤镜可以通过修改 Alpha 通道进行线性擦除。

打开"素材文件\第 7 章\线性擦除.aep",选择素材,在菜单栏中选择【效果】→【过渡】→【线性擦除】命令,在【效果控件】面板中展开【线性擦除】的参数,其参数设置如图 7-44 所示。

通过以上参数设置的前后效果如图7-45所示。

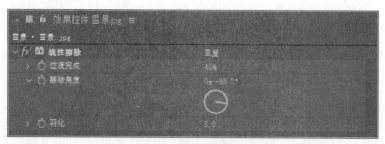

图7-44 【线性擦除】的参数设置

图7-45 设置参数的前后效果

线性擦除效果的参数说明如下。

- 过渡完成：设置过渡完成的百分比。
- 擦除角度：设置线性擦除的角度。
- 羽化：设置边缘的羽化程度。

7.4.4 制作百叶窗效果

【百叶窗】滤镜可以通过修改Alpha通道执行定向条纹擦除。

打开"素材文件\第7章\百叶窗.aep"，选择素材，在菜单栏中选择【效果】→【过渡】→【百叶窗】命令，在【效果控件】面板中展开【百叶窗】的参数，其参数设置面板如图7-46所示。通过以上参数设置的前后效果如图7-47所示。

图7-46 【百叶窗】的参数设置

图7-47　设置参数的前后效果

百叶窗效果的参数说明如下。

- 过渡完成：设置过渡完成的百分比。
- 方向：设置百叶窗擦除效果的方向。
- 宽度：设置百叶窗的宽度。
- 羽化：设置边缘的羽化程度。

7.4.5　制作块溶解效果

【块溶解】滤镜可以通过随机产生的板块（或条纹状）来溶解图像，在两个图层的重叠部分进行切换转场。

打开"素材文件\第7章\块溶解.aep"，选择素材，在菜单栏中选择【效果】→【过渡】→【块溶解】命令，在【效果控件】面板中展开【块溶解】的参数，其参数设置面板如图7-48所示。通过以上参数设置的前后效果如图7-49所示。

图7-48　【块溶解】的参数设置

图7-49　设置参数的前后效果

块溶解效果的参数说明如下。

- 过渡完成：用来设置图像过渡的程度。
- 块宽度：用来设置块的宽度。
- 块高度：用来设置块的高度。
- 羽化：用来设置块的羽化程度。
- 柔化边缘：选中该复选框，将高质量地柔化边缘。

7.4.6 制作CC WarpoMatic效果

【CC WarpoMatic】（CC变形过渡）滤镜可以使图像产生弯曲变形，并逐渐变为透明的过渡效果。

打开"素材文件\第7章\ CC变形过渡.aep"，选择素材，在菜单栏中选择【效果】→【过渡】→【CC WarpoMatic】命令，在【效果控件】面板中展开【CC WarpoMatic】的参数，其参数设置如图7-50所示。

图 7-50 【CC WarpoMatic】的参数设置

通过以上参数设置的前后效果如图7-51所示。

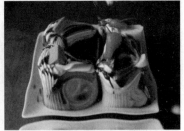

图 7-51 设置参数的前后效果

CC WarpoMatic效果的参数说明如下。

- Completion（过渡完成）：设置过渡完成的百分比。
- Layer to Reveal（揭示层）：设置揭示显示的图像。
- Reactor（反应器）：设置过渡模式。
- Smoothness（平滑）：设置边缘的平滑程度。

- Warp Amount（变形量）：设置变形的程度。
- Warp Direction（变形方向）：设置变形的方向。
- Blend Span（混合跨度）：设置混合的跨度。

■■■ 课堂范例——制作奇幻冰冻效果

本例主要应用【CC WarpoMatic】（CC变形过渡）制作冰冻质感，并为关键帧设置冰冻过程动画，从而制作出奇幻的冰冻效果。

步骤01 打开"素材文件\第7章\奇幻冰冻素材.aep"，在【效果和预设】面板中搜索【CC WarpoMatic】，并将其拖曳到【时间轴】面板中的【1.jpg】图层上，如图7-52所示。

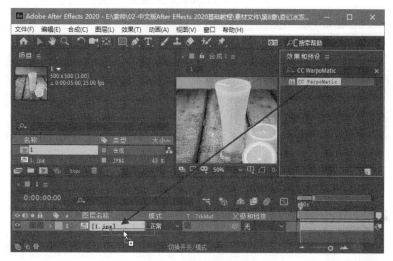

图7-52 为图层添加效果

步骤02 在【时间轴】面板中，单击打开【1.jpg】图层下的【效果】，并将时间线滑块拖曳到起始位置处，设置【CC WarpoMatic】的【Completion】为50，【Smoothness】为5，【Warp Amount】为0，然后单击【Smoothness】和【Warp Amount】前的【时间变化秒表】按钮 ，如图7-53所示。

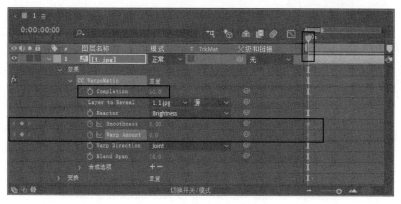

图7-53 为图层添加关键帧

步骤03 将时间线滑块拖曳到第5秒位置处，设置【Smoothness】为20，【Warp Amount】为400，然后设置【Warp Direction】为Twisting，如图7-54所示。

图7-54 为图层添加关键帧

步骤04 此时拖曳时间线滑块即可查看本例的最终效果，如图7-55所示。

图7-55 制作的最终效果

7.5 其他常用的视频效果

在After Effects软件中，还有很多其他的常用视频效果，本节将详细介绍马赛克、闪电、四色渐变、残影、分形杂色等常用的视频效果的相关知识及应用方法。

7.5.1 制作马赛克效果

【马赛克】滤镜可以将图像变为一个个的单色矩形马赛克拼接效果。

打开"素材文件\第7章\ 马赛克.aep"，选择素材，在菜单栏中选择【效果】→【风格化】→【马赛克】命令，在【效果控件】面板中展开【马赛克】的参数，其参数设置如图7-56所示。通过以上参数设置的前后效果如图7-57所示。

图7-56 【马赛克】的参数设置

图 7-57　设置的前后效果

制作马赛克效果的参数说明如下。

- 水平块：设置水平块数值。
- 垂直块：设置垂直块数值。
- 锐化颜色：选中此复选框可以锐化颜色。

7.5.2　制作闪电效果

【闪光】滤镜可以模拟闪电效果。

打开"素材文件\第7章\闪光.aep"，选择素材，在菜单栏中选择【效果】→【过时】→【闪光】命令，在【效果控件】面板中展开【闪光】的参数，其参数设置如图7-58所示。

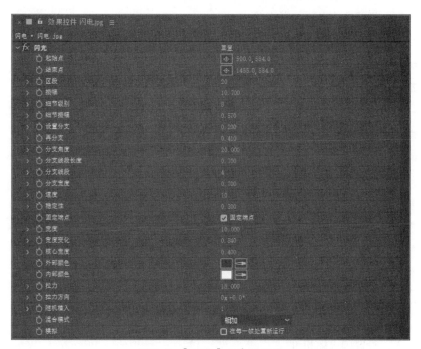

图 7-58　【闪光】的参数设置

通过以上参数设置的前后效果如图7-59所示。

图 7-59　设置的前后效果

制作闪电效果的参数说明如下。

- 起始点：设置闪电效果的开始位置。
- 结束点：设置闪电效果的结束位置。
- 区段：设置闪电的段数。
- 振幅：设置闪电的振幅。
- 细节级别：设置闪电分支的精细程度。
- 细节振幅：设置闪电分支的振幅。
- 设置分支：设置闪电分支的数量。
- 再分支：设置闪电二次分支的数量。
- 分支角度：设置分支与主干的角度。
- 分支线段长度：设置分支线段的长度。
- 分支线段：设置闪电分支的段数。
- 分支宽度：设置闪电分支的宽度。
- 速度：设置闪电的变化速度。
- 稳定性：设置闪电的稳定程度。
- 固定端点：选中此复选框固定闪电端点。
- 宽度：设置闪电的宽度。
- 宽度变化：设置闪电的宽度变化值。
- 核心宽度：设置闪电的核心宽度值。
- 外部颜色：设置闪电的外部颜色。
- 内部颜色：设置闪电的内部颜色。
- 拉力：设置闪电弯曲方向的拉力。
- 拉力方向：设置拉力方向。
- 随机植入：设置闪电随机性。
- 混合模式：设置闪电效果的混合模式。
- 模拟：选中此复选框可在每一帧处重新运行。

7.5.3　制作四色渐变效果

【四色渐变】滤镜可以在图像上创建一个四色渐变效果，用来模拟霓虹灯、流光溢彩等效果。

打开"素材文件\第 7 章\ 四色渐变 .aep"，选择素材，在菜单栏中选择【效果】→【生成】→【四色渐变】命令，在【效果控件】面板中展开【四色渐变】的参数，其参数设置如图 7-60 所示。通过以上参数设置的前后效果如图 7-61 所示。

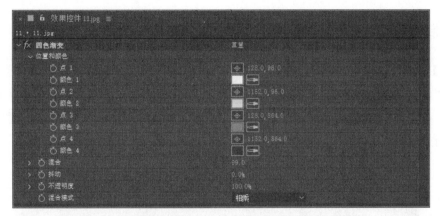

图 7-60　【四色渐变】参数设置面板

图 7-61　设置的前后效果

制作四色渐变效果的参数说明如下。

- 位置和颜色：设置效果的位置和颜色属性。
- 点 1：设置颜色 1 的位置。
- 颜色 1：设置颜色 1 的颜色。
- 点 2：设置颜色 2 的位置。
- 颜色 2：设置颜色 2 的颜色。
- 点 3：设置颜色 3 的位置。
- 颜色 3：设置颜色 3 的颜色。

- 点4：设置颜色4的位置。
- 颜色4：设置颜色4的颜色。
- 混合：设置四种颜色的混合程度。
- 抖动：设置抖动的程度。
- 不透明度：设置效果的透明程度。
- 混合模式：设置效果的混合模式。

7.5.4 制作残影效果

【残影】滤镜可以混合不同的时间帧。

打开"素材文件\第7章\残影.aep"，选择素材，在菜单栏中选择【效果】→【时间】→【残影】命令，在【效果控件】面板中展开【残影】的参数，其参数设置如图7-62所示。通过以上参数设置的前后效果如图7-63所示。

图7-62 【残影】参数设置面板

图7-63 设置的前后效果

制作残影效果的参数说明如下。

- 残影时间（秒）：设置延时图像的产生时间。以秒为单位，正值为之后出现，负值为之前出现。

- 残影数量：设置延续画面的数量。
- 起始强度：设置延续画面开始的强度。
- 衰减：设置延续画面的衰减程度。
- 残影运算符：设置残影后续效果的叠加模式。

7.5.5 制作分形杂色效果

【分形杂色】滤镜用于创建自然景观背景、置换图和纹理的灰度杂色，或模拟云、火、熔岩、蒸汽、流水等效果。

打开"素材文件\第7章\ 分形杂色.aep"，选择素材，在菜单栏中选择【效果】→【杂色和颗粒】→【分形杂色】命令，在【效果控件】面板中展开【分形杂色】的参数，其参数设置如图7-64所示。通过以上参数设置的前后效果如图7-65所示。

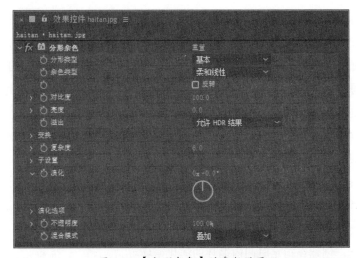

图7-64 【分形杂色】的参数设置

图7-65 设置的前后效果

制作分形杂色效果的参数说明如下。

- 分形类型：分形杂色是通过为每个杂色图层生成随机编号的网格来创建的。

- 杂色类型：在杂色网格中的随机值之间使用的插值的类型。

- 对比度：默认值为100，较大的值可创建较大的、定义更严格的杂色黑白区域，通常显示不太精细的细节，较小的值可生成更多灰色区域，以使杂色柔和。

- 溢出：重映射0~1.0之外的颜色值，包括以下4个参数。

  › 剪切：重映射值，以使高于1.0的所有值显示为纯白色，低于0的所有值显示为纯黑色。

  › 柔和固定：在无穷曲线上重映射值，以使所有值均在范围内。

  › 反绕：三角形式的重映射，以使高于1.0的值或低于0的值退回到范围内。

  › 允许HDR结果：不执行重映射，保留0~1.0以外的值。

- 变换：用于旋转、缩放和定位杂色图层的设置。如果选择【透视位移】，则图层看起来像在不同深度一样。

- 复杂度：为创建分形杂色合并的杂色图层的数量，增加此数量将增加杂色的外观深度和细节数量。

- 子设置：用于控制分形杂色合并的方式，以及杂色图层的属性彼此偏移的方式，包括以下3个参数。

  › 子影响：每个连续图层对合并杂色的影响。值为100%，所有迭代的影响均相同；值为50%，每个迭代的影响均为前一个迭代的一半；值为0%，则效果看起来像复杂度为1时的效果。

  › 子缩放/旋转/位移：相对于前一个杂色图层的缩放百分比、角度和位置。

  › 中心辅助比例：从与前一个图层相同的点开始计算每个杂色图层。此设置可生成彼此堆叠的重复杂色图层的外观。

- 演化：使用渐进式旋转，以继续使用每次添加的旋转更改图像。

- 演化选项：设置演变属性。

  › 循环演化：创建在指定时间内循环的演化循环。

  › 循环（旋转次数）：指定重复前杂色循环使用的旋转次数。

  › 随机植入：设置生成杂色使用的随机值。

课堂范例——制作浮雕效果

本小节学习了其他常用视频效果的相关知识，本例主要使用分形杂色效果来制作浮雕效果，从而巩固和提高本小节所学习的内容。

步骤01 打开"素材文件\第7章\浮雕效果素材.aep"，双击加载【浮雕空间】合成，如图7-66所示。

步骤02 选择【浮雕空间】图层，然后在菜单栏中选择【效果】→【杂色和颗粒】→【分形杂色】命令，如图7-67所示。

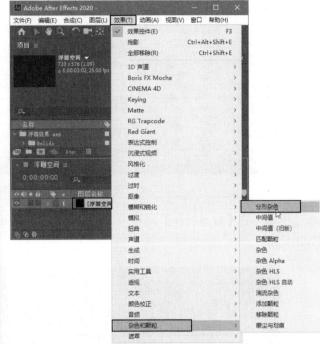

图7-66　加载【浮雕空间】合成　　　　　　　　图7-67　选择【分形杂色】命令

步骤03　在【效果控件】面板中，设置分形杂色效果的参数，详细的参数设置如图7-68所示。

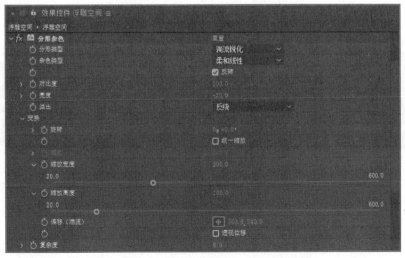

图7-68　设置分形杂色效果的参数

步骤04　在【时间轴】面板中设置分形杂色效果的关键帧动画。在第0帧处，设置【对比度】为100，【亮度】为−20，【演化】为0x+0°；在第3秒处，设置【对比度】为115，【亮度】为−9，【演化】为0x+163°，如图7-69所示。

图 7-69　设置分形杂色效果的关键帧动画

步骤05　在【效果控件】面板中，选择分形杂色效果，然后按住鼠标左键并拖曳至顶层，如图7-70所示。

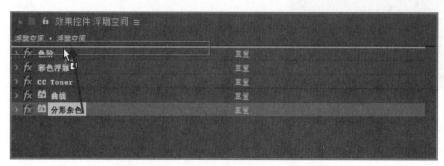

图 7-70　拖曳分形杂色效果到顶层

通过以上步骤即可完成制作浮雕效果，如图7-71所示。

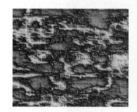

图 7-71　制作浮雕效果

课堂问答

通过本章的讲解，读者对常用的视频效果设计与制作有了一定的了解，下面列出一些常见的问题供学习参考。

问题❶：如何在【时间轴】面板中快速展开添加的滤镜效果？

答：在【时间轴】面板中，选择含有效果的图层，然后按【E】键，即可快速展开所有添加的滤镜效果。

问题 ❷：如何复制滤镜效果？

答：如果只是在本图层中复制特效，只需要在【效果控件】面板或【时间轴】面板中选择特效，然后按【Ctrl+D】快捷键即可。

如果是将特效复制到其他层使用，那么可以在【效果控件】面板或【时间轴】面板中选择源图层中的一个或者多个特效，然后按【Ctrl+C】快捷键，完成滤镜的复制；选择目标图层，然后按【Ctrl+V】快捷键，完成效果的粘贴操作。

问题 ❸：有没有什么方法可以快速查看修改的参数？

答：为素材添加效果、设置关键帧动画或进行变化属性的设置后都可以使用快捷键快速查看。

步骤01　在【时间轴】面板中选择图层，按【U】键，即可只显示当前图层中所添加的所有的关键帧属性，如图 7-72 所示。

图 7-72　按【U】键显示的信息

步骤02　在【时间轴】面板中选择图层，并快速按两次【U】键，即可显示对该图层修改过、添加过的任何参数和关键帧等，如图 7-73 所示。

图 7-73　快速按两次【U】键显示的信息

问题 ❹：【效果和预设】面板中的效果如何按其他方式排序？

答：【效果和预设】面板中的效果可以按照"类别"、"资源管理器文件夹"和"按字母顺序"排序。更改排序方式的操作如下。

步骤01 在【效果和预设】面板的右上角单击【快捷菜单】按钮，然后在弹出的下拉列表框中选择准备进行排序的方式，这里选择【按字母顺序】选项，如图7-74所示。

步骤02 此时，即可看到效果排序方式已按照"按字母顺序"排序，如图7-75所示。

图7-74 选择【按字母顺序】选项　　　图7-75 "按字母顺序"排序

上机实战——制作心电图特效

通过本章的学习，为让读者巩固本章的知识点，下面讲解一个技能综合案例，使读者对本章的知识有更深入的了解。

效果展示

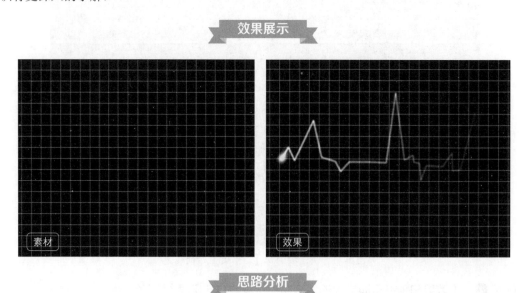

思路分析

本例主要介绍蒙版和勾画特效的综合应用。通过对本例的学习，读者可以熟练掌握心电图特效的制作方法。

制作步骤

步骤01 打开"素材文件\第7章\心电图特效素材.aep",在【项目】面板中双击【心电图】加载合成,如图7-76所示。

步骤02 在菜单栏中选择【图层】→【新建】→【纯色】命令,创建一个黑色的纯色图层,然后将其命名为【曲线】,如图7-77所示。

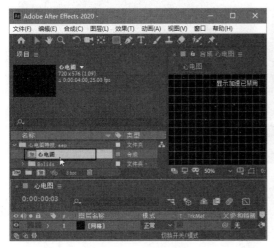

图7-76 加载合成　　　　　　　　　　图7-77 创建一个黑色的纯色图层

步骤03 选择【曲线】图层,使用【钢笔工具】 绘制一条波形的蒙版,如图7-78所示。

步骤04 将该图层的图层叠加模式设置为【相加】,如图7-79所示。

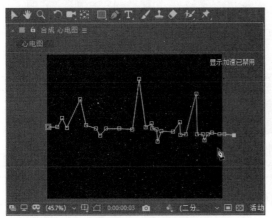

图7-78 绘制一条波形蒙版　　　　　　图7-79 设置为【相加】模式

步骤05 选择【曲线】图层,然后在菜单栏中选择【效果】→【生成】→【勾画】命令,设置【描边】为【蒙版/路径】;展开【片段】选项组,设置【片段】为1,【长度】为0.9;展开【正在渲染】选项组,设置【宽度】为4.5,如图7-80所示。

步骤06 此时在【合成】面板中可以看到的效果如图7-81所示。

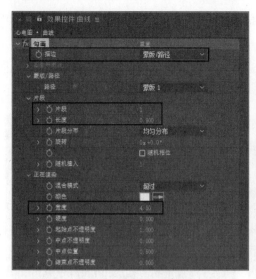

图7-80　设置效果参数

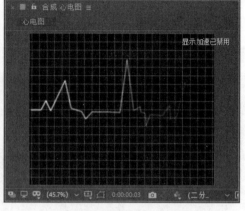

图7-81　设置后的效果

步骤07 设置勾画效果中【旋转】属性的关键帧动画,在第0秒处,设置其值为0x-55°;在第4秒处,设置其值为-2x-66°,如图7-82所示。

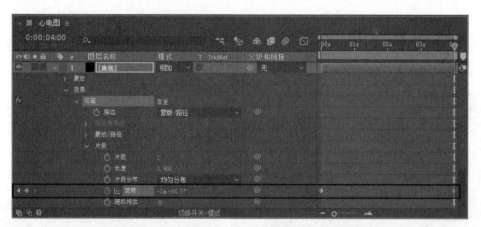

图7-82　设置勾画效果中【旋转】属性的关键帧动画

步骤08 选择【曲线】图层,然后按【Ctrl+D】快捷键,复制出一个【曲线】图层,并将其重命名为【光点】,选择【光点】图层,最后在勾画效果中设置【长度】为0.02,【宽度】为15,如图7-83所示。

步骤09 修改【光点】图层的叠加模式为【相加】,然后选择【光点】图层,按【Ctrl+D】快捷键复制出一个图层,如图7-84所示。

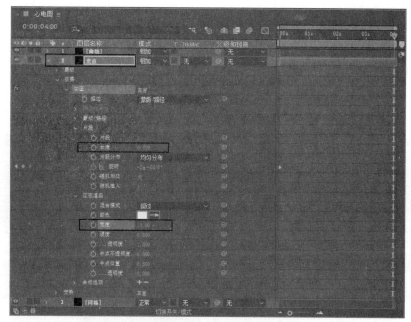

图7-83　设置勾画效果参数

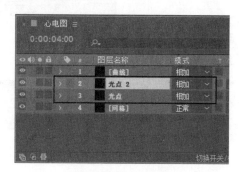

图7-84　复制图层

步骤10 按数字小键盘上的【0】键，即可预览最终制作的效果，如图7-85所示。

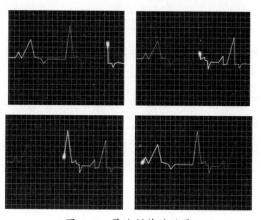

图7-85　最终制作的效果

⊕ 同步训练——制作素描画

　　通过上机实战案例的学习后，为增强读者的动手能力，下面安排一个同步训练案例，让读者达到举一反三、触类旁通的学习效果。

图解流程

素材

效果

思路分析

　　本例主要使用黑色和白色、查找边缘和曲线等效果制作素描画，来巩固和提高本章学习的内容。

关键步骤

步骤01　打开"素材文件\第7章\素描画素材.aep"，双击加载【合成1】合成，如图7-86所示。

步骤02　在【时间轴】面板中，设置【风车.jpg】图层的模式为【相乘】，此时可以在【合成】面板中看到效果，如图7-87所示。

步骤03　在【效果和预设】面板中搜索"黑色和白色"效果，并将其拖曳到【时间轴】面板中的【风车.jpg】图层上，如图7-88所示。

步骤04　此时的画面效果如图7-89所示。

图7-86 加载合成

图7-87 设置【风车.jpg】图层的模式

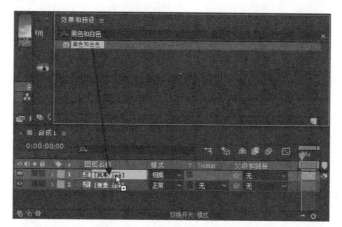

图7-88 添加黑色和白色效果

图7-89 添加效果后的画面

步骤05 在【效果和预设】面板中搜索"查找边缘"效果,并将其拖曳到【时间轴】面板中的【风车.jpg】图层上,如图7-90所示。

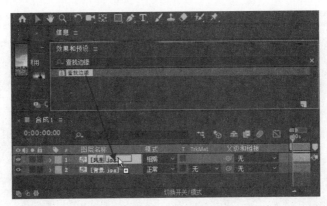

图7-90　添加查找边缘效果

步骤06　此时的画面效果如图7-91所示。

图7-91　添加效果后的画面

步骤07　在【效果和预设】面板中搜索"曲线"效果，并将其拖曳到【时间轴】面板中的【风车.jpg】图层上，如图7-92所示。

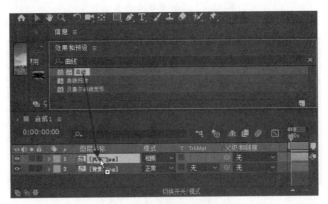

图7-92　添加曲线效果

步骤08　在【效果控件】面板中调整曲线的形状，如图7-93所示。

步骤09 此时即可看到最终制作的素描画效果，如图7-94所示。

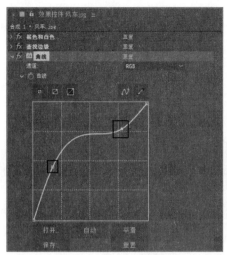

图7-93 调整曲线形状

图7-94 最终制作的效果

知识能力测试

本章讲解了常用视频效果设计与制作的相关知识，为对知识进行巩固和考核，接下来布置相应的练习题。

一、填空题

1. _____滤镜围绕自定义的一个点产生模糊效果，常用来模拟镜头的推拉和旋转效果。在图层高质量开关打开的情况下，可以指定抗锯齿的程度，在草图质量下没有抗锯齿作用。

2. _____效果可以通过随机产生的板块（或条纹状）来溶解图像，在两个图层的重叠部分进行切换转场。

二、选择题

1.（　　）用于创建自然景观背景、置换图和纹理的灰度杂色，或模拟云、火、熔岩、蒸汽、流水等效果。

　A.【纹理】　　　　　　　　　B.【分形杂色】

　C.【模拟】　　　　　　　　　D.【置换】

2.（　　）可以在图像上创建一个四色渐变效果，用来模拟霓虹灯、流光溢彩等效果。

　A.【模拟】　　　　　　　　　B.【渐变】

　C.【流光】　　　　　　　　　D.【四色渐变】

三、简答题

1. 为素材添加效果的方法有几种？如何为素材添加效果？

2. 如何隐藏或删除效果？

2020
After Effects

第8章
图像色彩调整与抠像

　　本章主要介绍了调色滤镜、抠像滤镜和遮罩滤镜方面的知识与技巧，在本章的最后还针对实际的工作需求，讲解了使用 Keylight 滤镜的方法。通过本章的学习，读者可以掌握图像色彩调整与抠像基础操作方面的知识，为深入学习 After Effects 2020 知识奠定基础。

学习目标

- 熟练掌握调色滤镜
- 熟练掌握抠像滤镜
- 熟练掌握遮罩滤镜
- 熟练掌握 Keylight 滤镜

8.1 调色滤镜

After Effects 软件中的颜色校正滤镜包中提供了很多色彩校正效果，本节将对一些常用的调色效果进行讲解，掌握好这些调色效果是十分重要和必要的。

8.1.1 曲线效果

利用曲线效果可以对图像各个通道的色调范围进行控制。通过调整曲线的弯曲度或复杂度，可以调整图像亮区和暗区的分布情况。

打开"素材文件\第 8 章\曲线效果 .aep"，选择素材，在菜单栏中选择【效果】→【颜色校正】→【曲线】命令，在【效果控件】面板中展开【曲线】，其参数设置如图 8-1 所示。

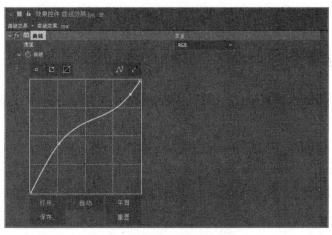

图 8-1　【曲线】的参数设置

曲线左下角的端点代表暗调，右上角的端点代表高光，中间的过渡代表中间调。往上移动是加亮，往下移动是减暗，加亮的极限是 255，减暗的极限是 0。此外，曲线效果与 Photoshop 中的【曲线】命令功能类似。根据以上参数设置的前后效果如图 8-2 所示。

图 8-2　设置参数的前后效果

曲线效果的参数说明如下。

- 通道：从右侧的下拉列表中指定调整图像的颜色通道。
- 切换：用来切换操作区域的大小。
- 曲线工具：在其做出的控制曲线条上单击可以添加控制点，手动控制点可以改变图像亮区和暗区的分布，将控制点拖出区域范围之外，可以删除控制点。
- 铅笔工具：可以在左侧的控制区内单击拖动，绘制一条曲线来控制图像的亮区和暗区分布效果。
- 打开：单击该按钮，将打开存储的曲线文件，用打开的原曲线文件来控制图像。
- 自动：自动修改曲线，增加应用图层的对比度。
- 平滑：单击该按钮，可以对设置的曲线进行平滑操作，多次单击，可以多次对曲线进行平滑操作。
- 保存：保存调整好的曲线，以便以后打开使用。
- 重置：将曲线恢复到默认的直线状态。

8.1.2 色相/饱和度效果

色相/饱和度效果基于HSB颜色模式，因此使用色相/饱和度效果可以调整图像的色调、亮度和饱和度。具体来说，色相/饱和度效果可以调整图像中单个颜色成分的色相、饱和度和亮度，是一个功能非常强大的图像颜色调整工具。

打开"素材文件\第8章\色相饱和度效果.aep"，选择素材，在菜单栏中选择【效果】→【颜色校正】→【色相/饱和度】命令，在【效果控件】面板中展开【色相/饱和度】，其参数设置如图8-3所示。通过以上参数设置的前后效果如图8-4所示。

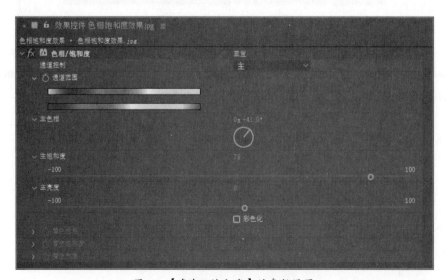

图8-3 【色相/饱和度】的参数设置

图 8-4　设置参数的前后效果

色相/饱和度效果的参数说明如下。

- 通道控制：在其右侧的下拉列表中，可以选择需要修改的颜色通道。
- 通道范围：通过下方的颜色预览区，可以看到颜色调整的范围。上方的颜色预览区显示的是调整前的颜色，下方的颜色预览区显示的是调整后的颜色。
- 主色相：调整图像的主色调，与【通道控制】选择的通道有关。
- 主饱和度：调整图像颜色的浓度。
- 主亮度：调整图像颜色的亮度。
- 彩色化：选中该复选框，可以为灰度图像增加色彩，也可以将多彩的图像转换成单一的图像效果。同时激活下面的选项。
- 着色色相：调整着色后图像的色调。
- 着色饱和度：调整着色后图像的颜色浓度。
- 着色亮度：调整着色后图像的颜色亮度。

8.1.3　色阶效果

　　色阶效果是用直方图描述出整张图片的明暗信息，它将亮度、对比度和灰度系数等功能结合在一起，对图像进行明度、阴暗层次和中间色彩的调整。

　　打开"素材文件\第8章\色阶效果.aep"，选择素材，在菜单栏中选择【效果】→【颜色校正】→【色阶】命令，在【效果控件】面板中展开【色阶】，其参数设置如图8-5所示。

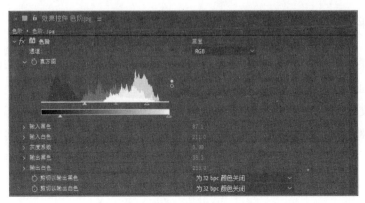

图 8-5　【色阶】的参数设置

通过以上参数设置的前后效果如图8-6所示。

图8-6　设置参数的前后效果

色阶效果的参数说明如下。

- 通道：用来选择要调整的通道。
- 直方图：显示图像中像素的分布情况，上方的显示区域可以通过拖动滑块来调色。X轴表示亮度值从坐标的最暗（0）到最右边的最亮（255），Y轴表示某个数值下的像素数量。黑色滑块是暗调色彩，白色滑块是亮调色彩，灰色滑块可以调整中间色调。拖动下方区域的滑块可以调整图像的亮度，向右拖动黑色滑块，可以消除图像中最暗的值，向左拖动白色滑块则可以消除图像中最亮的值。
- 输入黑色：指定输入图像暗区值的阈值，输入的数值将应用到图像的暗区。
- 输入白色：指定输入图像亮区值的阈值，输入的数值将应用到图像的亮区。
- 灰度系数：设置输出中间色调，相当于【直方图】中的灰色滑块。
- 输出黑色：设置输出的暗区范围。
- 输出白色：设置输出的亮区范围。
- 剪切以输出黑色：用来修剪暗区输出。
- 剪切以输出白色：用来修剪亮区输出。

8.1.4　颜色平衡效果

　　颜色平衡效果主要依靠控制红、绿、蓝在中间色、阴影和高光之间的比重来控制图像的色彩，非常适合于精细地调整图像的高光、阴影和中间色调等方面。

　　打开"素材文件\第8章\颜色平衡效果.aep"，选择素材，在菜单栏中选择【效果】→【颜色校正】→【颜色平衡】命令，在打开的【效果控件】面板中展开【颜色平衡】，其参数设置如图8-7所示。

图 8-7　【颜色平衡】的参数设置

通过以上参数设置的前后效果如图 8-8 所示。

图 8-8　设置参数的前后效果

颜色平衡效果的参数说明如下。

- 阴影红 / 绿 / 蓝色平衡：这几个选项主要用来调整图像暗部的 RGB 色彩平衡。
- 中间调红 / 绿 / 蓝色平衡：这几个选项主要用来调整图像的中间色调的 RGB 色彩平衡。
- 高光红 / 绿 / 蓝色平衡：这几个选项主要用来调整图像的高光区的 RGB 色彩平衡。
- 保持发光度：选中此复选框，当修改颜色值时，保持图像的整体亮度值不变。

8.1.5　通道混合器效果

通道混合器效果可以通过混合当前通道来改变画面的颜色通道，使用该效果可以制作出普通色彩修正滤镜不容易达到的效果。

打开"素材文件\第 8 章\通道混合器效果 .aep"，选择素材，在菜单栏中选择【效果】→【颜色校正】→【通道混合器】命令，在打开的【效果控件】面板中展开【通道混合器】，其参数设置如图 8-9 所示。

图 8-9 【通道混合器】的参数设置

通过以上参数设置的前后效果如图8-10所示。

图 8-10　设置参数的前后效果

通道混合器效果的参数说明如下。

- 红色-红色/红色-绿色/红色-蓝色：用来设置红色通道颜色的混合比例。
- 绿色-红色/绿色-绿色/绿色-蓝色：用来设置绿色通道颜色的混合比例。
- 蓝色-红色/蓝色-绿色/蓝色-蓝色：用来设置蓝色通道颜色的混合比例。
- 红色-恒量/绿色-恒量/蓝色-恒量：用来调整红色通道、绿色通道和蓝色通道的对比度。
- 单色：选中该复选框，彩色图像将转换为灰度图。

8.1.6　更改颜色效果

更改颜色效果可以改变某个色彩范围内的色调，以达到置换颜色的目的。

打开"素材文件\第8章\更改颜色效果.aep"，选择素材，在菜单栏中选择【效果】→【颜色校正】→【更改颜色】命令，在【效果控件】面板中展开【更改颜色】，其参数设置如图8-11所示。

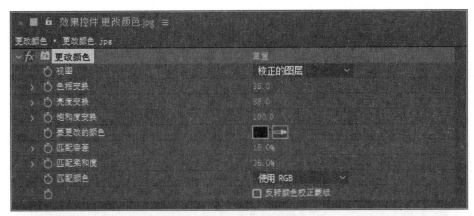

图 8-11 【更改颜色】的参数设置

通过以上参数设置的前后效果如图8-12所示。

图 8-12 设置参数的前后效果

更改颜色效果的参数说明如下。

- 视图：设置在【合成】面板中查看图像的方式。【校正的图层】显示的是颜色校正后的画面效果，也就是最终效果；【颜色校正蒙版】显示的是颜色校正后遮罩部分的效果，也就是图像中被改变的部分。

- 色相变换：调节所选颜色的色相。

- 亮度变换：调节所选颜色的亮度。

- 饱和度变换：调节所选颜色的饱和度。

- 要更改的颜色：指定将要被修正的区域的颜色。

- 匹配容差：指定颜色匹配的相似程度，即颜色的容差度。值越大，被修正的颜色区域越大。

- 匹配柔和度：设置颜色的柔和度。

- 匹配颜色：指定匹配的颜色空间，共有【使用RGB】、【使用色相】和【使用色度】3个选项。

- 反转颜色校正蒙版：反转颜色校正的遮罩，可以使用吸管工具拾取图像中相同的颜色区域来进行反转操作。

■ **课堂范例——多彩色调的童话画面效果**

本例主要学习使用色相/饱和度、颜色平衡、四色渐变、曲线等效果来制作具有童话感的多彩色调的画面。下面详细介绍其操作方法。

步骤01 打开"素材文件\第8章\童话画面素材.aep",选择【01.jpg】图层,按【S】键打开【缩放】变换属性,设置【缩放】为(159.3,159.3%),如图8-13所示。

步骤02 在【效果和预设】面板中搜索"色相/饱和度"效果,并将其拖曳到【时间轴】面板中的【01.jpg】图层上,如图8-14所示。

图8-13　设置【缩放】参数

图8-14　添加色相/饱和度效果

步骤03 在【效果控件】面板中设置【色相/饱和度】的【主饱和度】为−23,如图8-15所示。此时的画面效果如图8-16所示。

步骤04　在【效果和预设】面板中搜索"颜色平衡"效果，并将其拖曳到【时间轴】面板中的【01.jpg】图层上，如图8-17所示。

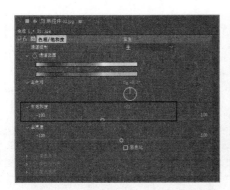

图 8-15　设置【色相/饱和度】参数

图 8-16　设置参数后的画面效果

图 8-17　添加颜色平衡效果

步骤05　在【效果控件】面板中设置【颜色平衡】的【阴影红色平衡】为72，【阴影蓝色平衡】为11，【中间调红色平衡】为25，【高光红色平衡】为15，【高光绿色平衡】为5，【高光蓝色平衡】为–50，如图8-18所示。此时的画面效果如图8-19所示。

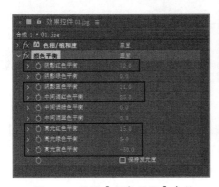

图 8-18　设置【颜色平衡】参数

图 8-19　设置参数后的效果

步骤06 在【效果和预设】面板中搜索"四色渐变"效果，并将其拖曳到【时间轴】面板中的【01.jpg】图层上，如图8-20所示。

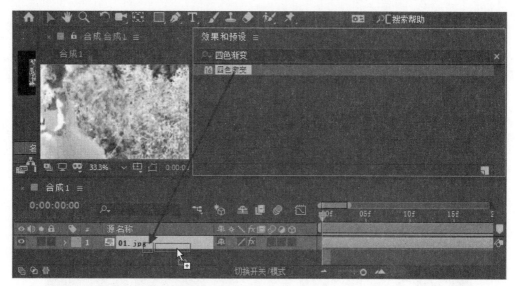

图8-20 添加四色渐变效果

步骤07 在【效果控件】面板中设置【四色渐变】的【颜色1】为橄榄绿色，【颜色2】为深灰色，【颜色3】为深紫色，【颜色4】为蓝色，【混合模式】为滤色，如图8-21所示。此时的画面效果如图8-22所示。

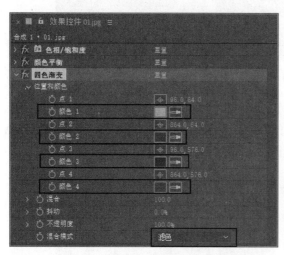

图8-21 设置【四色渐变】参数

图8-22 设置参数后的效果

步骤08 在【效果和预设】面板中搜索"曲线"效果，并将其拖曳到【时间轴】面板中的【01.jpg】图层上。接着在【效果控件】面板中调整【曲线】的曲线形状，如图8-23所示。这样就完成了制作多彩色调的童话画面效果，最终效果如图8-24所示。

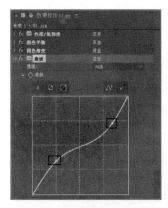

图 8-23　设置【曲线】参数　　　　图 8-24　最终效果

8.2 抠像滤镜

抠像是影视拍摄制作中常用的技术，在很多影视作品中，那些气势恢宏的场景和令人瞠目结舌的特效，都使用了大量的抠像处理，本节将详细介绍有关抠像技术的相关知识及操作方法。

8.2.1 颜色键效果

【颜色键】滤镜将素材的某种颜色及其相似的颜色范围设置为透明，还可以为素材进行边缘预留设置，制作出类似描边的效果。

在菜单栏中选择【效果】→【过时】→【颜色键】命令，在【效果控件】面板中展开【颜色键】，其参数设置如图 8-25 所示。通过以上参数设置的前后效果如图 8-26 所示。

图 8-25　【颜色键】的参数设置

图 8-26　设置参数的前后效果

颜色键效果的各项参数含义如下。

- 主色：用来设置镂空透明的颜色值，可以单击右侧的色块来选择颜色，也可单击右侧的吸管工具，然后在素材上单击吸取所需颜色，以确定透明的颜色值。
- 颜色容差：用来设置颜色的容差范围。值越大，所包含的颜色越广。
- 薄化边缘：用来调整抠出区域的边缘。正值为扩大遮罩范围，负值为缩小遮罩范围。
- 羽化边缘：用来设置边缘的柔化程度。

　　使用【颜色键】滤镜进行抠像只能产生透明和不透明两种效果，所以它只适合抠出背景颜色变化不大、前景完全不透明及边缘比较精确的素材。

8.2.2　颜色范围效果

　　【颜色范围】滤镜可以在Lab、YUV和RGB任意一个颜色空间中通过指定的颜色范围来设置抠出颜色。使用颜色范围效果对抠出具有多种颜色构成或灯光不均匀的蓝屏或绿屏背景非常有效。

　　在菜单栏中选择【效果】→【抠像】→【颜色范围】命令，在【效果控件】面板中展开【颜色范围】，其参数设置面板如图8-27所示。

　　通过以上参数设置的前后效果如图8-28所示，其中，前两幅是设置参数之前用到的图，最后一幅是效果图。

图8-27　【颜色范围】参数设置面板

图8-28 设置参数的前后效果

颜色范围效果的各项参数含义如下。

- 预览：用来预览抠像所显示的颜色范围。
- 吸管 🗡：可以从图像中吸取需要镂空的颜色。
- 加选吸管 🗡：在图像中单击，可以增加键控的颜色范围。
- 减选吸管 🗡：在图像中单击，可以减少键控的颜色范围。
- 模糊：控制边缘的柔和程度。值越大，边缘越柔和。
- 色彩空间：设置抠出所使用的颜色空间。包括Lab、YUV和RGB 3个选项。
- 最小值/最大值：精确调整颜色空间中颜色开始范围的最小值和颜色结束范围的最大值。

8.2.3 差值遮罩效果

【差值遮罩】滤镜通过指定的差异层与特效层进行颜色对比，将相同颜色区域抠出，制作出透明的效果，适合在相同的背景下，将其中一个移动物体的背景制作成透明效果。

在菜单栏中选择【效果】→【抠像】→【差值遮罩】命令，在【效果控件】面板中展开【差值遮罩】，其参数设置如图8-29所示。

图8-29 【差值遮罩】的参数设置

通过以上参数设置的前后效果如图8-30所示，其中，前两幅是设置参数之前用到的图，最后一幅是效果图。

图8-30 设置参数的前后效果

差值遮罩效果的各项参数含义如下。

- 视图：设置不同的图像视图。
- 差值图层：指定与特效层进行比较的差异层。
- 如果图层大小不同：如果差异层与特效层大小不同，可以选择居中对齐或拉伸差异层。
- 匹配容差：设置颜色对比的范围大小。值越大，包含的颜色信息量越多。
- 匹配柔和度：设置颜色的柔化程度。
- 差值前模糊：可以在对比前将两幅图进行模糊处理。

8.2.4 内部/外部键效果

"内部/外部键"效果特别适用于抠取毛发。使用该滤镜时需要绘制两个遮罩，一个遮罩用来定义抠出范围内的边缘，另外一个遮罩用来定义抠出范围之外的边缘，After Effects 会根据这两个遮罩间的像素差异来定义抠出边缘并进行抠像。

在菜单栏中选择【效果】→【抠像】→【内部/外部键】命令，在【效果控件】面板中展开【内部/外部键】，其参数设置如图8-31所示。

图 8-31 【内部/外部键】的参数设置

通过以上参数设置的前后效果如图8-32所示，其中，前两幅是设置参数之前用到的图，最后一幅是效果图。

图 8-32 设置参数的前后效果

内部/外部键效果的各项参数含义如下。

- 前景（内部）：用来指定绘制的前景蒙版。

- 其他前景：用来指定更多的前景蒙版。
- 背景（外部）：用来指定绘制的背景蒙版。
- 其他背景：用来指定更多的背景蒙版。
- 单个蒙版高光半径：当只有一个遮罩时，该选项被激活，并沿这个遮罩清除前景色，显示背景色。
- 清理前景：清除图像的前景色。
- 清理背景：清除图像的背景色。
- 薄化边缘：用来设置图像边缘的扩展或收缩。
- 羽化边缘：用来设置图像边缘的羽化值。
- 边缘阈值：用来设置图像边缘的容差值。
- 反转提取：反转抠像的效果。
- 与原始图像混合：用来设置与原始图像的混合程度。

技能拓展

内部/外部键效果还会修改边缘的颜色，将背景的残留颜色提取出来，然后自动净化边缘的残留颜色，因此把经过抠像后的目标图像叠加在其他背景上时，会显示出边缘的模糊效果。

课堂范例——制作水墨芭蕾人像合成

本章学习了图像色彩调整与键控操作的相关知识，本例详细介绍制作水墨芭蕾人像合成效果，来巩固和提高本章学习的内容。

步骤01 打开"素材文件\第8章\水墨芭蕾素材.aep"，加载【水墨芭蕾】合成，如图8-33所示。

步骤02 为【人像.jpg】图层添加颜色键效果，单击【主色】后面的吸管工具 ，吸取【人像.jpg】图层的背景色，设置【颜色容差】为10，【薄化边缘】为2，如图8-34所示。

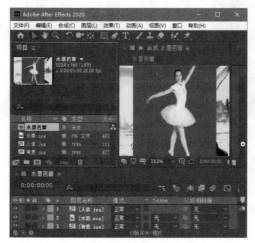

图8-33 加载【水墨芭蕾】合成

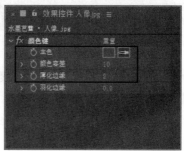

图8-34 颜色键效果的参数设置

步骤03 此时拖曳时间线滑块可以查看到人像合成的效果，如图8-35所示。

步骤04 设置【人像.jpg】图层的【位置】为（593，461），【缩放】为（65，65%），如图8-36所示。

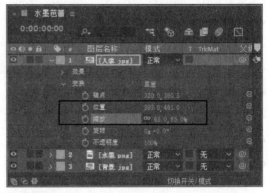

图8-35 人像合成的效果　　　　　　　　　图8-36 设置【位置】和【缩放】参数

步骤05 为【人像.jpg】图层添加色相/饱和度效果，设置【主饱和度】为–25，如图8-37所示。

步骤06 此时拖曳时间线滑块可以查看到效果，如图8-38所示。

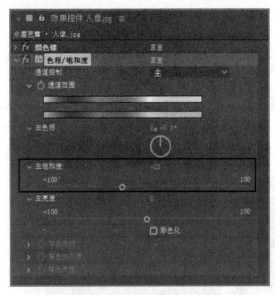

图8-37 添加色相/饱和度效果并设置参数　　　　图8-38 设置后的效果

步骤07 将【水墨.jpg】图层进行复制，并重命名为【水墨1.png】，然后将其拖曳到【人像.jpg】图层的上方，如图8-39所示。

步骤08 为【水墨1.png】图层添加线性擦除效果，设置【擦除角度】为0x+170°，【羽化】为10，如图8-40所示。

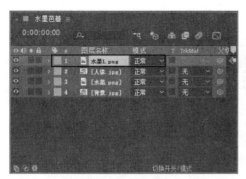
图8-39 【水墨1.png】图层

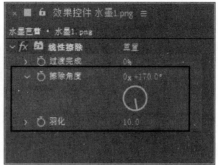
图8-40 添加效果并设置参数

步骤09 在【水墨1.png】图层中，展开【线性擦除】，设置关键帧动画。在第0帧处，设置【过渡完成】为0%；然后在第4秒处，设置【过渡完成】为100%，如图8-41所示。

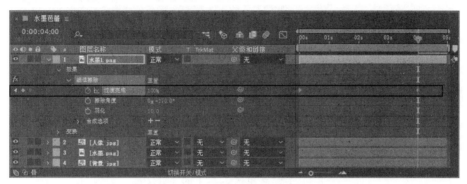
图8-41 设置关键帧动画

步骤10 此时拖曳时间线滑块可以查看制作的水墨芭蕾人像合成效果，最终的效果如图8-42所示。

图8-42 最终的效果

8.3 遮罩滤镜

抠像是一门综合技术，除了抠像滤镜本身的使用方法外，还包括抠像后图像边缘的处理技术，与背景合成时的色彩匹配技术等。本节将详细介绍遮罩滤镜的相关知识。

8.3.1 遮罩阻塞工具

遮罩阻塞工具是功能非常强大的图像边缘处理工具。

在菜单栏中选择【效果】→【遮罩】→【遮罩阻塞工具】命令，在【效果控件】面板中展开【遮罩阻塞工具】，其参数设置如图8-43所示。通过以上参数设置的前后效果如图8-44所示。

图8-43　【遮罩阻塞工具】的参数设置

边缘未处理

边缘处理

图8-44　设置参数的前后效果

遮罩阻塞工具的各项参数含义如下。

- 几何柔和度1：用来调整图像边缘的一级光滑度。
- 几何柔和度2：用来调整图像边缘的二级光滑度。
- 灰色阶柔和度1：用来调整图像边缘的一级光滑度程度。
- 灰色阶柔和度2：用来调整图像边缘的二级光滑度程度。

- 阻塞1：用来设置图像边缘的一级扩充或收缩。
- 阻塞2：用来设置图像边缘的二级扩充或收缩。
- 迭代：用来控制图像边缘收缩的强度。

8.3.2　调整实边遮罩

调整实边遮罩不仅可以用来处理图像的边缘，还可以用来控制抠出图像的Alpha噪波干净纯度。

在菜单栏中选择【效果】→【遮罩】→【调整实边遮罩】命令，在【效果控件】面板中展开【调整实边遮罩】，其参数设置如图8-45所示。通过以上参数设置的前后效果如图8-46所示。

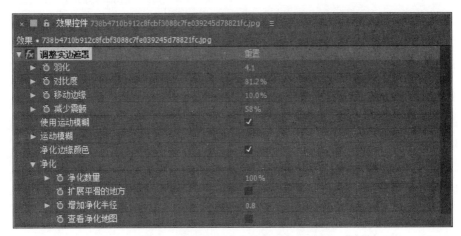

图8-45　【调整实边遮罩】的参数设置

边缘未处理

边缘处理

图8-46　设置参数的前后效果

该特效的基本参数含义如下。

- 羽化：用来设置图像边缘的光滑程度。
- 对比度：用来调整图像边缘的羽化过渡效果。
- 减少震颤：用来设置运动图像上的噪波。

- 使用运动模糊：对于带有运动模糊的图像来说，该选项很有用处，通过选中或取消选中来决定是否使用运动模糊。
- 净化边缘颜色：可以用来处理图像边缘的颜色。

8.3.3 简单阻塞工具

简单阻塞工具属于边缘控制组中最为简单的一款滤镜，不太适合处理较为复杂或精度要求比较高的图像边缘。

在菜单栏中选择【效果】→【遮罩】→【简单阻塞工具】命令，在【效果控件】面板中展开【简单阻塞工具】，其参数设置如图8-47所示。

图8-47 【简单阻塞工具】的参数设置

该特效的基本参数含义如下。

- 视图：用来设置图像的查看方式。
- 阻塞遮罩：用来设置图像边缘的扩充或收缩。

8.4 Keylight 滤镜

Keylight是一个屡获殊荣并经过产品验证的蓝绿屏幕抠像插件，是曾经获得学院奖的抠像工具之一。多年以来，Keylight不断进行改进和升级，目的就是使抠像能够更快捷、简单。本节将详细介绍Keylight滤镜的相关知识。

8.4.1 常规抠像

基本抠像的工作流程一般是先设置Screen Colour（屏幕色）参数，然后设置要抠出的颜色。如果在蒙版的边缘有抠出颜色的溢出，此时就需要调节Despill Bias（反溢出偏差）参数，为前景选择一个合适的表面颜色；如果前景色被抠出或背景色没有被完全抠出，这时就需要适当调节Screen Matte（屏幕遮罩）选项组下面的Clip Black（剪切黑色）和Clip White（剪切白色）参数。

在菜单栏中选择【效果】→【Keying】→【Keylight（1.2）】命令，在【效果控件】面板中展开【Keylight（1.2）】，其参数设置如图8-48所示。

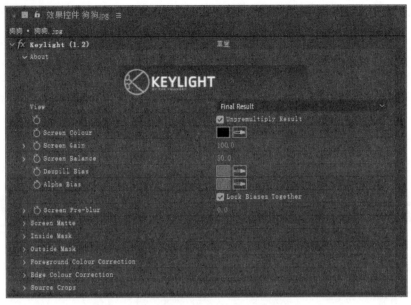

图 8-48　【Keylight（1.2）】的参数设置

1. View

View（视图）选项用来设置查看最终效果的方式，在其下拉列表中提供了 11 种查看方式，如图 8-49 所示。

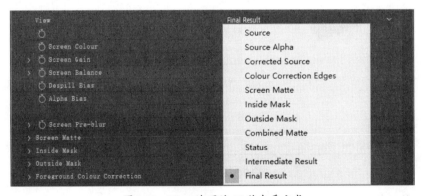

图 8-49　View 选项的 11 种查看方式

在设置 Screen Colour 时，不能将 View 选项设置为 Final Result（最终结果），因为在进行第 1 次取色时，被选择抠出的颜色大部分都被消除了。

下面将详细介绍 View 方式中的几个最常用的选项。

（1）Screen Matte

在设置 Clip Black 和 Clip White 时，用户可以将 View 方式设置为 Screen Matte，这样可以将屏幕

中本来应该是完全透明的地方调整为黑色，将完全不透明的地方调整为白色，将半透明的地方调整为合适的灰色，如图8-50所示。

图 8-50　Screen Matte 方式

（2）Status

Status（状态）方式将遮罩效果进行夸张、放大渲染，这样即便是很小的问题在屏幕上也将被放大显示出来，如图8-51所示。

图 8-51　Status 方式

（3）Final Result

Final Result 方式显示当前抠像的最终结果。

（4）Despill Bias

在设置 Screen Colour 时，虽然 Keylight 滤镜会自动抑制前景的边缘溢出色，但在前景的边缘处往往还是会残留一些抠出色，该选项就是用来控制残留的抠出色。

2. Screen Colour

Screen Colour 用来设置需要被抠出的屏幕色，可以使用该选项后面的吸管工具 在【合成】面板中吸取相应的屏幕色，这样就会自动创建一个 Screen Matte，并且这个遮罩会自动抑制遮罩边缘溢出的抠出颜色。

8.4.2　扩展抠像

常规抠像虽然简单、快捷，但是在处理一些复杂图像、影像时，效果可能不尽如人意，这时如果应用Keylight（1.2）中的各个参数，可达到令人满意的效果。

1．Screen Colour

无论是常规抠像还是高级抠像，Screen Colour都是必须设置的一个选项。使用Keylight（键控）滤镜进行抠像的第1步就是使用Screen Colour后面的吸管工具在屏幕上对抠出的颜色进行取样，取样的范围包括主要色调（如蓝色和绿色）与颜色饱和度。

一旦指定了Screen Colour，Keylight滤镜就会在整个画面中分析所有的像素，并且比较这些像素的颜色和取样的颜色在色调和饱和度上的差异，然后根据比较的结果来设定画面的透明区域，并相应地对前景的边缘颜色进行修改。

2．Despill Bias

Despill Bias参数可以用来设置Screen Colour的反溢出效果，如果在蒙版的边缘有抠出颜色的溢出，此时就需要调节Despill Bias（反溢出偏差）参数，为前景选择一个合适的表面颜色，这样抠取出来的图像效果会得到很大的改善。

3．Alpha Bias

Despill Bias参数可以用来设置Screen Colour的反溢出效果，如果是在一般情况下都不需要单独调节Alpha Bias（Alpha偏差）属性，但是在绿屏中的红色信息多于绿色信息时，并且前景的红色通道信息也比较多的情况下，就需要单独调节Alpha Bias参数，否则很难抠出图像。

4．Screen Gain

Screen Gain（屏幕增益）参数主要用来设置Screen Colour被抠出的程度，其值越大，被抠出的颜色就越多。

5．Screen Balance

通过在RGB颜色值中对主要颜色的饱和度与其他两个颜色通道的饱和度的平均加权值进行比较，所得出的结果就是Screen Balance（屏幕平衡）的属性值。例如，Screen Balance为100%时，Screen Colour的饱和度占绝对优势，而其他两种颜色的饱和度几乎为0。

6．Screen Pre-Blur

Screen Pre-Blur（屏幕预模糊）参数可以在对素材进行蒙版操作前，先对画面进行轻微的模糊处理，这种预模糊的处理方式可以降低画面的噪点效果。

7．Screen Matte

Screen Matte参数组主要用来微调遮罩效果，这样可以更加精确地控制前景和背景的界线。展开Screen Matte参数组的相关参数，如图8-52所示。

图 8-52　Screen Matte 参数组的相关参数

下面详细介绍 Screen Matte 参数组中的参数含义。

① Clip Black：设置遮罩中黑色像素的起点值。如果在背景像素的地方出现了前景像素，那么这时就可以适当增大 Clip Black 的数值，以抠出所有的背景像素。

② Clip White：设置遮罩中白色像素的起点值。如果在前景像素的地方出现了背景像素，那么这时就可以适当降低 Clip White 数值，以达到满意的效果。

③ Clip Rollback（剪切削减）：在调节 Clip Black 和 Clip White 参数时，有时会对前景边缘像素产生破坏，这时就可以适当调整 Clip Rollback 的数值，对前景的边缘像素进行一定程度的补偿。

④ Screen Shrink/Grow（屏幕收缩/扩张）：用来收缩或扩张蒙版的范围。

⑤ Screen Softness（屏幕柔化）：对整个蒙版进行模糊处理。注意，该选项只影响蒙版的模糊程度，不会影响到前景和背景。

⑥ Screen Despot Black（屏幕独占黑色）：让黑点与周围像素进行加权运算。增大其值可以消除白色区域内的黑点。

⑦ Screen Despot White（屏幕独占白色）：让白点与周围像素进行加权运算。增大其值可以消除黑色区域内的白点。

⑧ Replace Colour（替换颜色）：根据设置的颜色来对 Alpha 通道的溢出区域进行补救。

⑨ Replace Method（替换方式）：设置替换 Alpha 通道溢出区域颜色的方式，共有以下 4 种。

- None（无）：不进行任何处理。
- Source（源）：使用原始素材像素进行相应的补救。
- Hard Colour（硬度色）：对任何增加的 Alpha 通道区域直接使用 Replace Colour 进行补救。
- Soft Colour（柔和色）：对增加的 Alpha 通道区域进行 Replace Colour 补救时，根据原始素材像素的亮度来进行相应的柔化处理。

8. Inside Mask/Outside Mask

使用 Inside Mask（内侧蒙版）可以将前景内容隔离出来，使其不参与抠像处理；使用 Outside Mask（外侧蒙版）可以指定背景像素，不管遮罩内是何种内容，一律视为背景像素来进行抠出，这对处理背景颜色不均匀的素材非常有用。展开 Inside Mask/Outside Mask（内/外侧蒙版）参数组的参数，如图 8-53 所示。

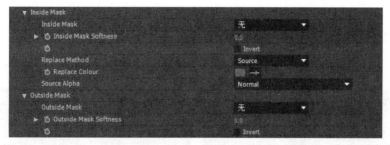

图 8-53　Inside Mask/Outside Mask 参数组的参数

下面将详细介绍 Inside Mask/Outside Mask 参数组中的参数含义。

- Inside Mask/Outside Mask：选择内侧或外侧的蒙版。
- Inside Mask Softness/Outside Mask Softness（内/外侧蒙版柔化）：设置内/外侧蒙版的柔化程度。
- Invert（反转）：反转蒙版方向。
- Replace Method：与 Screen Matte 参数组中的 Replace Method 属性相同。
- Replace Colour：与 Screen Matte 参数组中的 Replace Colour 属性相同。
- Source Alpha（源 Alpha）：该参数决定了 Keylight 滤镜如何处理源图像中本来就具有的 Alpha 通道信息。

9. Foreground Colour Correction

Foreground Colour Correction（前景色校正）参数用来校正前景色，可以调整的参数包括 Saturation（饱和度）、Contrast（对比度）、Brightness（亮度）、Colour Suppression（颜色抑制）和 Colour Balancing（颜色平衡）。

10. Edge Colour Correction

Edge Colour Correction（边缘颜色校正）参数与 Foreground Colour Correction 参数相似，主要用来校正蒙版边缘的颜色，可以在 View 列表中选择 Edge Colour Correction 来查看边缘像素的范围。

11. Source Crops

Source Crops（源裁剪）参数组的参数可以使用水平或垂直的方式来裁剪源素材的画面，这样可以将图像边缘的非前景区域直接设置为透明效果。

在选择素材时，要尽可能使用质量比较高的素材，并且尽量不要对素材进行压缩，因为有些压缩算法会损失素材背景的细节，这样就会影响到最终的抠像效果。

课堂范例——使用 Keylight（1.2）效果进行视频抠像

本例将主要介绍 Keylight（1.2）效果的应用，通过本例的学习，用户可以掌握使用 Keylight（1.2）效果进行视频抠像的常规使用方法。

步骤01　打开"素材文件\第8章\Keylight视频抠像素材.aep"，加载【总合成】合成，将素材【Suzy.avi】拖曳至【时间轴】面板中的顶层，如图8-54所示。

步骤02　选择【矩形工具】，将镜头中右侧的拍摄设备圈选出来，如图8-55所示。

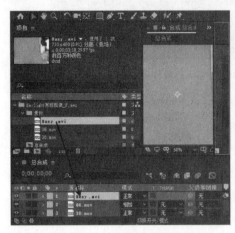

图8-54　拖曳素材到顶层　　　　　　　　图8-55　圈出需要抠出的部分

步骤03　展开【Suzy.avi】图层的蒙版属性，选中【反转】复选框，如图8-56所示。

图8-56　选中【反转】复选框

步骤04　选择【Suzy.avi】图层，再在菜单栏中选择【效果】→【Keying】→【Keylight（1.2）】命令，然后在【效果控件】面板中，使用【Screen Colour】选项后面的【吸管工具】，在【合成】面板中吸取绿色背景，如图8-57所示。

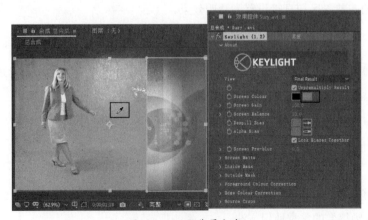

图8-57　吸取背景颜色

通过以上步骤即可完成使用Keylight（1.2）效果进行视频抠像的操作，最终效果如图8-58所示。

图8-58 最终效果

课堂问答

通过本章的讲解，读者对调色滤镜、抠像滤镜、遮罩滤镜、Keylight滤镜有了一定的了解，下面列出一些常见的问题供学习参考。

问题❶：抠像前拍摄的注意事项有哪些？

答：除了使用After Effects进行人像抠出背景以外，更应该注意在拍摄抠像素材时，尽量做到规范，这样会给后期工作节省很多时间，并且会取得更好的画面质量。拍摄时需要注意以下几点。

① 在拍摄素材之前，尽量选择颜色均匀、平整的绿色或蓝色背景进行拍摄。

② 要注意拍摄时的灯光照射方向应与最终合成的背景光线一致，避免合成较假。

③ 需注意拍摄的角度，以便合成真实。

④ 尽量避免人物穿着与背景同色的绿色或蓝色衣饰，以避免这些颜色在后期抠像时被一并抠出。

问题❷：镜头曝光不足或较暗该如何解决？

答：对于那些曝光不足和较暗的镜头，用户可使用【曝光度】滤镜来修正颜色。【曝光度】滤镜主要用来修复画面的曝光度。

问题❸：使用差值遮罩滤镜抠像后的蒙版包含其他像素该如何解决？

答：如果经过抠像后的蒙版包含其他像素，这时可以尝试调节【差值前模糊】参数，来模糊图像，以达到需要的效果。

问题❹：使用内部/外部键滤镜，为什么会显示出边缘模糊效果？

答：内部/外部键滤镜会修改边缘的颜色，将背景的残留颜色提取出来，然后自动净化边缘的残留颜色，因此把经过抠像后的目标图像叠加在其他背景上时，会显示出边缘的模糊效果。

问题❺：使用溢出抑制滤镜来消除残留的颜色痕迹得不到满意的效果怎么办？

答：通常情况下，抠像之后的图像都会有残留的抠出颜色的痕迹，而使用溢出抑制滤镜即可消除这些痕迹，如果使用溢出抑制滤镜还不能得到满意的结果，用户可以使用色相/饱和度滤镜降低饱和度，从而弱化抠出的颜色。

📷 上机实战——综合抠像替换天空背景

通过本章的学习，为让读者巩固本章知识点，下面讲解一个技能综合案例，使读者对本章的知识有更深入的了解。

效果展示

素材

效果

思路分析

本例主要讲解Keylight（1.2）效果各个参数的应用，通过本例的学习，读者可以掌握Keylight（1.2）抠像的综合使用方法。

制作步骤

步骤01 打开"素材文件\第8章\上机实战——综合抠像替换天空背景\Keylight综合抠像素材.aep"，双击加载【ExecFG】合成，如图8-59所示。

步骤02 选择【ExecFG】图层，在菜单栏中选择【效果】→【Keying】→【Keylight（1.2）】命令，然后在【效果控件】面板中，使用【Screen Colour】选项后面的【吸管工具】 ，在【合成】面板中吸取背景色，如图8-60所示。

图 8-59　加载合成

图 8-60　使用 Keylight（1.2）吸取颜色

步骤03　修改 View 方式为 Source 模式，然后使用【Alpha Bias】选项后面的【吸管工具】，在飞行员的头盔部位对棕色进行取样，如图 8-61 所示。

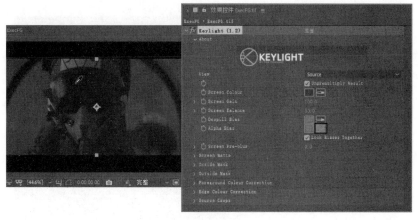

图 8-61　对棕色进行取样

步骤04 设置View方式为Final Result模式，如图8-62所示。

图8-62　设置View方式（1）

步骤05 设置View方式为Screen Matte模式，效果如图8-63所示。

步骤06 在【Screen Matte】模式选项组下设置【Clip Black】为25，【Clip White】为70，【Screen Softness】为1，【Screen Despot Black】为2，【Screen Despot White】为2，如图8-64所示。

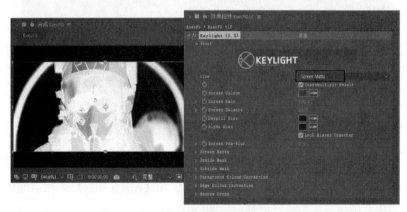

图8-63　设置View方式（2）

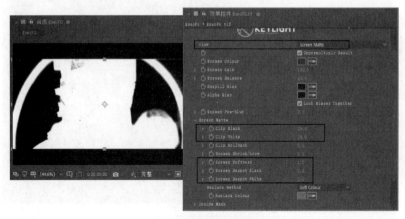

图8-64　设置参数

步骤07　设置View方式为Final Result模式，即可完成本例的最终效果，如图8-65所示。

图8-65　设置View方式查看最终效果

◉ **同步训练**——制作春季变秋季效果

通过上机实战案例的学习后，为增强读者的动手能力，下面安排一个同步训练案例，以让读者达到举一反三、触类旁通的学习效果。

图解流程

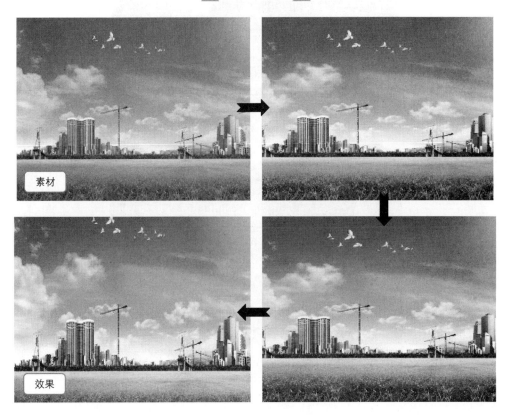

素材

效果

本例主要学习使用曲线、可选颜色、自然饱和度等效果,将春季具有生机的绿色调变为秋季色彩浓郁的橙色调,下面详细介绍其操作方法。

关键步骤

步骤01　打开"素材文件\第8章\春季.aep",加载【春季】合成,如图8-66所示。

步骤02　在【效果和预设】面板中搜索"曲线"效果,并将其拖曳到【时间轴】面板中的【春季.jpg】图层上,如图8-67所示。

步骤03　在【效果控件】面板中,调整曲线的形状,如图8-68所示。

步骤04　此时可以看到画面的效果如图8-69所示。

图8-66　加载合成

图8-67　添加曲线效果

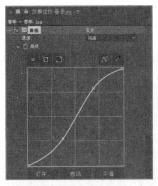 

图 8-68　调整曲线　　　　图 8-69　调整后的画面效果

步骤05　在【效果和预设】面板中搜索"可选颜色"效果，并将其拖曳到【时间轴】面板中的【春季.jpg】图层上，如图 8-70 所示。

步骤06　在【效果控件】面板中，设置【颜色】为黄色，【青色】为–100%，【洋红色】为30%，【黄色】为–20%，【黑色】为10%，如图 8-71 所示。

 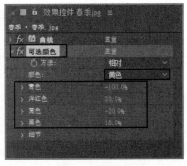

图 8-70　添加可选颜色效果　　　　图 8-71　设置参数

步骤07　在【效果控件】面板中，接着再设置【颜色】为绿色，【青色】为–70%，【洋红色】为50%，【黄色】为–65%，【黑色】为20%，如图 8-72 所示。

步骤08　此时可以看到的画面效果如图 8-73 所示。

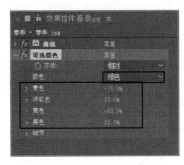 

图 8-72　继续设置参数　　　　图 8-73　设置后的效果

步骤09　在【效果和预设】面板中搜索"自然饱和度"效果，并将其拖曳到【时间轴】面板中的【春季.jpg】图层上，如图8-74所示。

步骤10　在【效果控件】面板中，设置【自然饱和度】为100，如图8-75所示。

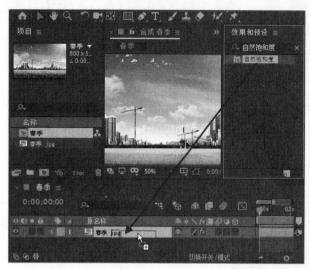

图8-74　继续设置参数 　　　　　　　　　　　　　图8-75　设置后的效果

这样即可完成春季变秋季的效果，本例制作前后的对比效果如图8-76所示。

图8-76　制作前后的对比效果

知识能力测试

本章讲解了图像色彩调整与抠像的相关知识，为对知识进行巩固和考核，接下来布置相应的练习题。

一、填空题

1. _____效果可以对图像各个通道的色调范围进行控制。通过调整曲线的弯曲度或复杂度，可调整图像的亮区和暗区的分布情况。

2. 色相/饱和度效果基于_____模式，因此使用色相/饱和度效果可以调整图像的色调、亮度和饱和度。具体来说，使用色相/饱和度效果可以调整图像中单个颜色成分的色相、饱和度和亮度，是一个功能非常强大的_____工具。

3．_____效果是用直方图描述出整张图片的明暗信息，它将亮度、对比度和灰度系数等功能结合在一起，对图像进行明度、阴暗层次和中间色彩的调整。

4．_____效果主要依靠控制红、绿、蓝在中间色、阴影和高光之间的比重来控制图像的色彩，非常适合用于精细地调整图像的高光、阴影和中间色调。

5．_____效果可以通过混合当前通道来改变画面的颜色通道，使用该效果可以制作出普通色彩修正滤镜不容易达到的效果。

6．_____效果可以改变某个色彩范围内的色调，以达到置换颜色的目的。

7．【_____】滤镜可将素材的某种颜色及其相似的颜色范围设置为透明，还可以为素材进行边缘预留设置，制作出类似描边的效果。

二、选择题

1．（　　）滤镜可以在 Lab、YUV 和 RGB 任意一个颜色空间中通过指定的颜色范围来设置抠出颜色。使用颜色范围效果对抠出具有多种颜色构成或灯光不均匀的蓝屏或绿屏背景非常有效。

A．【颜色键】　　　　　　　　　　B．【颜色范围】

C．【差值遮罩】　　　　　　　　　D．【内部/外部键】

2．（　　）属于边缘控制组中最为简单的一款滤镜，不太适合处理较为复杂或精度要求比较高的边缘。

A．颜色键　　　　　　　　　　　B．遮罩阻塞工具

C．调整实边遮罩　　　　　　　　D．简单阻塞工具

三、简答题

1．请简单回答基本抠像的工作流程。

2．如何使用 Keylight（1.2）效果进行视频抠像？

第9章

三维空间效果

　　After Effects 虽是一款后期特效软件，但是也提供了强大的三维系统，在三维系统中可以创建三维图层、摄像机和灯光等进行三维特效合成。本章将详细介绍有关三维空间效果的知识及案例操作。

学习目标

- 学会三维空间与三维图层的基本知识
- 熟练掌握三维摄像机的应用
- 熟练掌握灯光的应用

9.1 三维空间与三维图层

After Effects能够在二维空间创建合成效果，随着新版本的推出，在三维立体空间中的合成与动画功能也越来越强大。在三维空间中合成对象为我们提供了更广阔的想象空间，同时也产生了更炫、更酷的效果。本节将详细介绍三维空间与三维图层的相关知识及操作方法。

9.1.1 认识三维空间

三维的概念是建立在二维的基础上的，平时所看到的图像画面都是在二维空间中形成的。二维图层只有一个定义长度的X轴和一个定义宽度的Y轴。X轴与Y轴形成一个面，虽然有时看到的图像呈现出三维立体的效果，但那只是视觉上的错觉。

在三维空间中除了表示长、宽的X、Y轴之外，还有一个体现三维空间的关键——Z轴。在三维空间中，Z轴用来定义深度，也就是通常所说的远、近。在三维空间中，通过X、Y、Z轴三个不同方向的坐标，可调整物体的位置、旋转等。如图9-1所示为三维空间的图层。

图9-1　三维空间的图层

9.1.2 三维图层

在After Effects中，除了音频图层外，其他的图层都能转换为三维图层。注意，使用文字工具创建的文字图层在激活了"启用逐字3D化"属性之后，就可以对单个文字制作三维动画。

在三维图层中，对图层应用的滤镜或遮罩都是基于该图层的二维空间之上，比如对二维图层使用扭曲效果，图层发生了扭曲现象，但是在将该图层转换为三维图层之后，就会发现该图层仍然是二维的，对三维空间没有任何的影响。

在After Effects的三维坐标系中，最原始的坐标系统的起点是在左上角，X轴从左向右不断增加，Y轴从上到下不断增加，而Z轴是从近到远不断增加，这与其他三维软件中的坐标系统有着比较大的差别。

9.1.3 三维坐标系统

三维空间的工作需要一个坐标系，After Effects提供了3种坐标系工作方式，分别是本地轴模式、世界轴模式和视图轴模式。

- 本地轴模式：这是最常用的，可以通过【工具】面板直接选择。
- 世界轴模式：这是一个绝对坐标系。当对合成图像中的层旋转时，可以发现坐标系没有任何改变。实际上，当监视一个摄像机并调节其视角时，即可直接看到世界坐标系的变化。
- 视图轴模式：使用当前视图定位坐标系，与前面讲的视角有关。

9.1.4 转换成三维图层

在【时间轴】面板中，单击图层的3D层开关，或在菜单栏中选择【图层】→【3D图层】命令，可以将选择的二维图层转换为三维图层。再次单击其3D层开关，或在菜单栏中选择【图层】→【3D图层】命令，都可以取消层的3D属性，如图9-2所示。

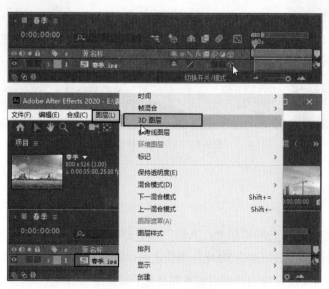

图9-2 转换成三维图层

二维图层转换为三维图层后，在原有X轴和Y轴的二维基础上增加了一个Z轴，如图9-3所示。图层的属性也相应增加，如图9-4所示，可以在3D空间对其进行位移或旋转操作。

图9-3　增加的Z轴　　　　　　　　图9-4　增加的图层属性

9.1.5　移动三维图层

与普通层类似，可以对三维图层施加位移动画，以制作三维空间的位移动画效果。下面将详细介绍移动三维图层位置的相关操作方法。

选择准备进行操作的三维图层，在【合成】面板中，使用【选择工具】拖曳与移动方向相应的图层的3D坐标控制箭头，可以按箭头的方向移动三维图层，如图9-5所示。

图9-5　移动三维图层

按住【Shift】键进行操作，可以更快地移动三维图层。在【时间轴】面板中，通过修改【位置】属性的数值，也可以对三维图层进行移动，如图9-6所示。

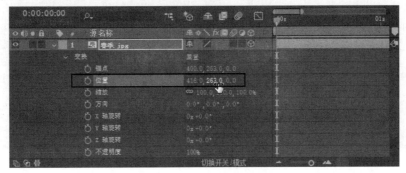

图9-6　修改数值移动三维图层

9.1.6 旋转三维图层

按【R】键可以展开三维图层的【旋转】属性，观察到三维图层可以操作的旋转参数包含4个，分别是方向、X轴旋转、Y轴旋转和Z轴旋转，而二维图层只有一个【旋转】属性，如图9-7所示。

图9-7 三维图层的【旋转】参数

旋转三维图层的方法主要有以下两种。

第1种：在【时间轴】面板中直接对三维图层可操作的参数进行调节，如图9-8所示。

图9-8 调整属性旋转三维图层

第2种：在【合成】面板中使用【旋转工具】以【方向】或【旋转】方式直接对三维图层进行旋转操作，如图9-9所示。

图9-9 使用【旋转工具】旋转三维图层

技 能 拓 展

使用【方向】值或者【旋转】值来旋转三维图层，都是以图层的"轴心点"作为基点来旋转图层。在【工具】面板中选择【旋转工具】后，在面板的右侧会出现一个设置三维图层旋转方式的选项，包含方向和旋转两种方式。

课堂范例——制作三维文字旋转效果

本例将介绍利用三维图层和旋转属性制作三维文字旋转效果的操作方法，从而巩固和提高本小节学习的内容。

步骤01　在【项目】面板中右击，在弹出的快捷菜单中选择【新建合成】命令，如图9-10所示。

步骤02　在弹出的【合成设置】对话框中，设置【合成名称】为【三维文字旋转效果】，并设置如图9-11所示的参数，创建一个合成。

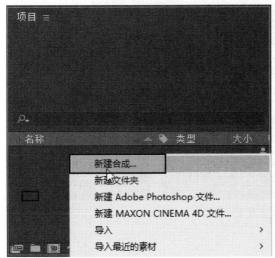

图9-10　选择【新建合成】命令

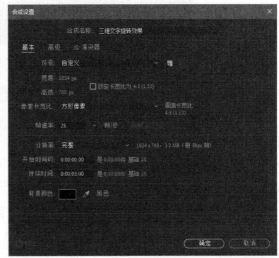

图9-11　创建合成

步骤03　在【项目】面板空白处双击，在弹出的对话框中选择需要的素材文件，然后单击【导入】按钮，如图9-12所示。

步骤04　将【项目】面板中的素材文件拖曳到【时间轴】面板中，选择【文字.png】图层，开启三维图层，设置位置为（512，435，715），如图9-13所示。

步骤05　将时间线滑块拖曳到起始帧位置，开启【文字.png】图层下的【X轴旋转】的自动关键帧，设置【X轴旋转】为0x-20°，将时间线滑块拖曳到第2秒的位置，设置【X轴旋转】为0x+340°，如图9-14所示。

图9-12 导入素材文件　　　　　　图9-13 开启三维图层设置位置参数

图9-14 使用【旋转工具】旋转三维图层

通过以上步骤即可完成三维文字旋转的操作，最终效果如图9-15所示。

图9-15 最终效果

9.2 三维摄像机的应用

在After Effects中创建一个摄像机后，可以在摄像机视图以任意距离和任意角度来观察三维图层的效果，就像在现实生活中使用摄像机进行拍摄一样方便。本节将详细介绍三维摄像机的应用知识。

9.2.1 创建三维摄像机

在After Effects中，合成影像中的摄像机在【时间轴】面板中也是以一个图层的形式出现的，在默认状态下，新建的摄像机层总是排列在图层堆栈的最上方。After Effects虽然以"有效摄像机"的视图方式显示合成影像，但是合成影像中并不包含摄像机，这只不过是After Effects的一种默认的视图方式而已。

用户在合成影像中创建了多个摄像机，并且每创建一个摄像机，在【合成】面板的右下角，3D视图方式列表中就会添加一个摄像机名称，用户可以随时选择需要的摄像机视图方式观察合成影像。在合成影像中创建一个摄像机的方法有以下几种。

1. 使用菜单栏中的命令

在菜单栏中选择【图层】→【新建】→【摄像机】命令，即可创建三维摄像机，如图9-16所示。

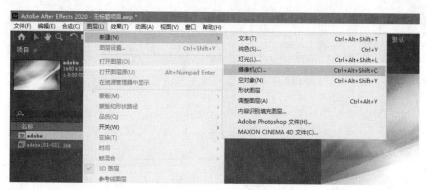

图9-16　使用菜单栏中的命令创建三维摄像机

2. 使用快捷菜单

在【合成】面板或【时间轴】面板中右击，在弹出的快捷菜单中选择【新建】→【摄像机】命令即可创建三维摄像机，如图9-17所示。

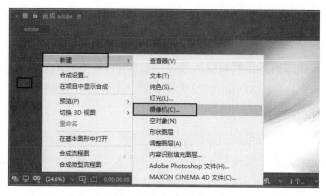

图9-17　使用快捷菜单创建三维摄像机

3. 使用快捷键

按【Ctrl+Alt+Shift+C】快捷键，也可创建摄三维像机。

在After Effects中，既可以在创建摄像机之前对摄像机进行设置，也可以在创建之后对其做进一步调整和设置动画。

9.2.2 三维摄像机的属性设置

使用9.2.1节介绍的任意一种创建摄像机的方法，即可弹出【摄像机设置】对话框，用户可以对摄像机的各项属性进行设置，也可以使用预设置，如图9-18所示。

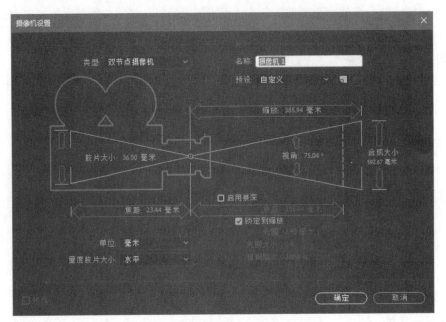

图9-18 【摄像机设置】对话框

下面详细介绍摄像机的有关设置。

- 名称：摄像机的名称。默认状态下，在合成中创建的第一个摄像机的名称是【摄像机1】，后续创建的摄像机的名称将按此顺延。对于多摄像机的项目，应该为每个摄像机起个有特色的名称，以方便区分。

- 预设：设置准备使用的摄像机的镜头类型。包含9种常用的摄像机镜头，如15mm的广角镜头、35mm的标准镜头和200mm的长焦镜头等。用户还可以创建一个自定义参数的摄像机镜头并保存在预设中。

- 单位：设定摄像机参数的单位，包括像素、英寸和毫米3个选项。

- 量度胶片大小：设置衡量胶片尺寸的方式，包括水平、垂直和对角3个选项。

- 缩放：设置摄像机镜头到焦平面（也就是被拍摄对象）之间的距离。【缩放】值越大，摄像机的视野越小。

- 视角：设置摄像机的视角，可以理解为摄像机的实际拍摄范围，焦距、胶片大小及缩放3个参数共同决定了【视角】的数值。

- 胶片大小：设置影片的曝光尺寸，该选项与【合成大小】参数值相关。

- 启用景深：控制是否启用景深效果。

- 焦距：设置从摄像机开始到图像最清晰位置的距离。在默认情况下，【焦距】和【缩放】参数是锁定在一起的，它们的初始值也是一样的。
- 光圈：设置光圈的大小。【光圈】值会影响到景深效果，其值越大，景深之外区域的模糊程度也越大。
- 光圈大小：焦距与光圈的比值。其中，光圈大小与焦距成正比，与光圈成反比。光圈大小越小，镜头的透光性能越好；反之，透光性能越差。
- 模糊层次：设置景深的模糊程度。值越大，景深效果越模糊。为0%时，则不进行模糊处理。

9.2.3 利用工具移动摄像机

在【工具】面板中有4个移动摄像机的工具，在当前摄像机移动工具上按住鼠标左键不放，将弹出其他摄像机移动工具的选项，或按【C】键，在这4个工具之间切换，如图9-19所示。

图9-19 移动摄像机的工具

下面将详细介绍摄像机工具参数。

- 统一摄像机工具：选择该工具后，使用鼠标左键、中键和右键可以分别对摄像机进行旋转、平移和推拉操作。
- 轨道摄像机工具：选择该工具后，可以以目标点为中心来旋转摄像机。
- 跟踪XY摄像机工具：选择该工具后，可以在水平或垂直方向上平移摄像机。
- 跟踪Z摄像机工具：选择该工具后，可以在三维空间中的Z轴上平移摄像机，但是摄像机的视角不会发生改变。

课堂范例——应用摄像机制作三维文字效果

本例主要介绍创建摄像机和调整摄像机的属性，通过本例的学习，读者可以掌握三维效果中摄像机的使用方法，下面详细介绍其操作方法。

步骤01 打开"素材文件\第9章\三维文字素材.aep"，接着在【项目】面板中双击【Camera】加载合成，如图9-20所示。

步骤02 在菜单栏中选择【图层】→【新建】→【摄像机】命令，然后在弹出的【摄像机设置】对话框中设置【缩放】为129，选中【启用景深】复选框，设置【光圈】为8，单击【确定】按钮，如图9-21所示。

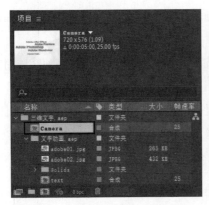 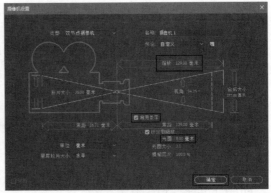

图 9-20　加载合成　　　　　　图 9-21　创建摄像机

步骤03　开启【text】图层的【折叠变换/连续栅格化】选项，如图9-22所示。

图 9-22　开启【折叠变换/连续栅格化】选项

步骤04　选择【摄像机1】图层，设置摄像机动画。在第0帧、第1秒10帧、第4秒和第4秒24帧制作摄像机的【目标点】、【位置】属性关键帧动画，具体参数设置如图9-23所示。

图 9-23　设置摄像机动画

步骤05 按小键盘上的数字键【0】键即可预览最终效果，如图9-24所示。

   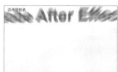

图9-24　最终效果

灯光

在After Effects中，可以用一种虚拟的灯光来模拟三维空间中真实的光线效果，来渲染影片的气氛，从而产生更加真实的合成效果，本节将详细介绍灯光应用的相关知识及方法。

9.3.1　创建并设置灯光

在After Effects中，灯光是一个层，它可以用来照亮其他的图层。默认状态下，在合成影像中是不会产生灯光层的，所有的层都可以完成显示，即使是3D层也不会产生阴影、反射等效果，它们必须借助灯光的照射才可以产生真实的三维效果。

如果准备在合成影像中创建一个照明用的灯光来模拟现实世界中的光照效果，可以执行以下几种操作。

第1种：在菜单栏中选择【图层】→【新建】→【灯光】命令即可，如图9-25所示。

图9-25　选择【灯光】命令

第2种：在【合成】面板或【时间轴】面板中右击，在弹出的快捷菜单中选择【新建】→【灯光】命令即可，如图9-26所示。

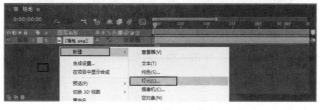

图9-26　选择【灯光】命令

第3种：按【Ctrl+Alt+Shift+L】快捷键即可创建灯光。

用户可以在一个场景中创建多个灯光，并且有4种不同的灯光类型可供选择，分别为平行光、聚光灯、点光源和环境光。下面将分别予以详细介绍。

1. 平行光

平行光是从一个点发射一束光线到目标点。平行光提供一个无限远的光照范围，它可以照亮场景中处于目标点上的所有对象。光线不会因为距离而衰减，如图9-27所示。

图9-27　平行光

2. 聚光灯

聚光灯是从一个点向前方以圆锥形发射光线。聚光灯会根据圆锥角度确定照射的面积。用户可以在圆锥角中进行角度的调节，如图9-28所示。

图9-28　聚光灯

3. 点光源

点光源是从一个点向四周发射光线。随着对象离光源距离的不同，受光程度也有所不同，距离越近，光照越强，反之亦然，如图9-29所示。

图9-29　点光源

4. 环境光

环境光没有光线的发射点，可以照亮场景中所有的对象，但无法产生投影，如图9-30所示。

图 9-30　环境光

9.3.2　灯光属性及其设置

在 After Effects 中应用灯光,用户可以在创建灯光时对灯光进行设置,也可以在创建灯光之后,利用灯光层的属性设置选项对其进行修改和设置动画。

在菜单栏中选择【图层】→【新建】→【灯光】命令或者按【Ctrl+Alt+Shift+L】快捷键,即可弹出【灯光设置】对话框,用户可以在其中对灯光的各项属性进行设置,如图 9-31 所示。

图 9-31　【灯光设置】对话框

下面将分别介绍【灯光设置】对话框中主要参数的作用。

- 名称:设置灯光的名字。
- 灯光类型:可在平行、聚光、点和环境 4 种类型中进行选择,如图 9-32 所示。

图 9-32　灯光类型

- 颜色:设置灯光照射的颜色。
- 强度:设置灯光的光照强度。数值越大,光照越强,效果如图 9-33 所示。

图9-33　强度效果

- 锥形角度：聚光特有的属性，主要用来设置灯罩的范围（即聚光灯遮挡的范围），效果如图9-34所示。

图9-34　锥形角度效果

- 锥形羽化：聚光特有的属性，与【锥形角度】参数一起配合使用，主要用来调节光照区与无光区边缘的过渡效果，效果如图9-35所示。

图9-35　锥形羽化效果

- 半径：灯光照射的范围，效果如图9-36所示。

图9-36　半径效果

- 衰减距离：控制灯光衰减的范围，效果如图9-37所示。

图9-37 衰减距离效果

- 投影：控制灯光是否投射阴影。该属性必须在三维图层的材质属性中开启了【投影】选项才能起作用。
- 阴影深度：设置阴影的投射深度，也就是阴影的黑暗程度。
- 阴影扩散："聚光"和"点"灯光设置阴影的扩散程度，它的值越大，阴影的边缘越柔和。

对于已经建立的灯光，用户可以选择准备进行设置的灯光图层，然后选择【图层】→【灯光设置】命令或使用【Ctrl+Shift+Y】快捷键，又或是双击【时间轴】面板中的灯光层，即可弹出【灯光设置】对话框，更改其设置。

课堂范例——布置灯光效果

本例主要讲解创建灯光和调整灯光的属性，从而布置漂亮的灯光效果，通过本例的学习，读者可以掌握三维效果中灯光的使用方法。

步骤01 打开"素材文件\第9章\布置灯光\布置灯光素材.aep"，加载【打开的盒子】合成，如图9-38所示。

步骤02 创建第1个灯光，在【灯光设置】对话框中设置如图9-39所示的参数。

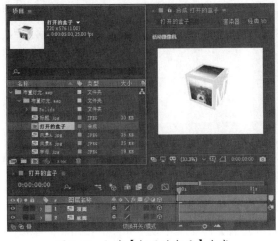

图9-38 加载【打开的盒子】合成　　　　图9-39 创建第1个灯光

步骤03 选择【灯光1】图层，然后在其属性里设置位置为（1059.7，-995，334），如图9-40所示。

步骤04 此时，可以看到【合成】面板中的画面效果，如图9-41所示。

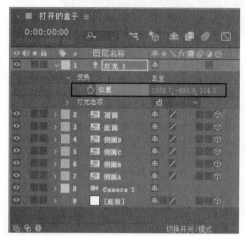

图9-40 设置灯光参数

图9-41 设置后的画面效果

步骤05 创建第2个灯光，在【灯光设置】对话框中设置如图9-42所示的参数。

步骤06 选择【灯光2】图层，然后在其属性里设置位置为（387.7，-212，-244），目标点为（408，174，-49），如图9-43所示。

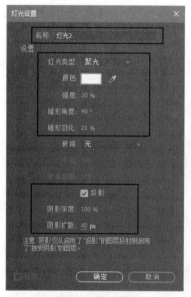

图9-42 创建并设置第2个灯光

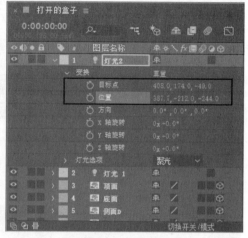

图9-43 设置灯光参数

步骤07 此时，可以看到【合成】面板中的画面效果，如图9-44所示。

步骤08 创建第3个灯光，在【灯光设置】对话框中设置如图9-45所示的参数。

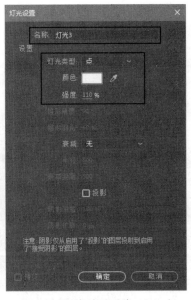

图 9-44 设置后的画面效果

图 9-45 创建并设置第 3 个灯光

步骤09 选择【灯光 3】图层,然后在其属性里设置位置为(394.1,268,−1260),如图 9-46 所示。

步骤10 此时,可以看到【合成】面板中的画面效果,如图 9-47 所示。

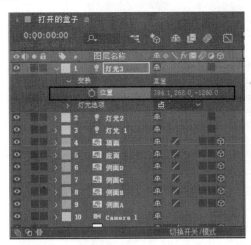

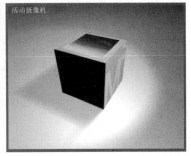

图 9-46 设置灯光参数

图 9-47 设置后的画面效果

步骤11 创建第 4 个灯光,在【灯光设置】对话框中设置如图 9-48 所示的参数。

步骤12 选择【灯光 4】图层,然后在其属性里设置位置为(−918.9,268,−26.7),如图 9-49 所示。

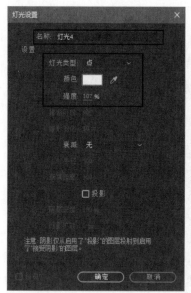

图9-48 创建并设置第4个灯光

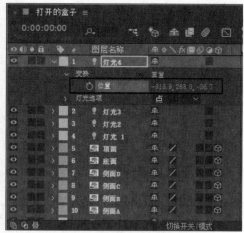

图9-49 设置灯光参数

步骤13 此时,可以看到【合成】面板中的最终画面效果,如图9-50所示。

图9-50 最终画面效果

课堂问答

通过本章的讲解,读者对三维空间效果的知识有了一定的了解,下面列出一些常见的问题供学习参考。

问题❶:将三维图层转换为二维图层后,设置的属性参数是否还保留?

答:在关闭图层的三维图层开关后,所增加的属性也会随之消失,所有涉及的三维参数、关键帧和表达式都将被自动删除,即使重新将二维图层转换为三维图层,这些参数设置也不会再恢复,因此将三维图层转换为二维图层时需要注意。

问题❷：如何移动灯光？

答：可以通过调节灯光图层的【位置】和【目标点】来设置灯光的照射方向和范围。在移动灯光时，除了直接调节参数及移动其坐标轴的方法外，还可以通过直接拖曳灯光的图标来自由移动它们的位置。

问题❸：已经创建好了一盏灯光，但是想要修改该灯光参数，该如何操作？

答：如果已经创建好了灯光，但是想要修改该灯光的参数，可以在【时间轴】面板中双击该灯光图层，然后在弹出的【灯光设置】对话框中对灯光的相关参数进行重新调节。

问题❹：如何降低场景的光照强度？

答：如果将灯光属性参数中的【强度】参数设置为负值，灯光将成为负光源。也就是说，这种灯光不会产生光照效果，而是要吸收场景中的灯光，通常使用这种方法来降低场景的光照强度。

上机实战——制作文字投影效果

通过本章的学习，为让读者巩固本章知识点，下面讲解一个技能综合案例，使大家对本章的知识有更深入的了解。

效果展示

素材

效果

思路分析

本章学习了创建三维空间合成的相关知识，本例将详细介绍制作文字投影效果的方法，来巩固和提高本章内容的学习。

制作步骤

步骤01　在【项目】面板中右击，在弹出的快捷菜单中选择【新建合成】命令，如图9-51所示。

步骤02 在弹出的【合成设置】对话框中，设置【合成名称】为【文字投影效果】，并设置如图9-52所示的参数，来创建一个合成。

图9-51 选择【新建合成】命令

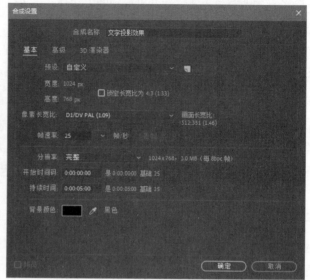

图9-52 创建合成

步骤03 在【项目】面板空白处双击，在弹出的对话框中选择需要的素材文件，然后单击【导入】按钮，如图9-53所示。

步骤04 将【项目】面板中的素材文件拖曳到【时间轴】面板中，如图9-54所示。

图9-53 导入素材文件

图9-54 将素材文件拖曳到时间轴上

步骤05 为【背景.jpg】图层添加亮度和对比度效果，设置【亮度】为10，【对比度】为37，如图9-55所示。

步骤06 新建一个纯色图层，设置【合成名称】为【地面】，并设置如图9-56所示的参数。

图9-55 添加并设置效果　　　　　图9-56 创建并设置纯色图层

步骤07 开启【地面】三维图层，并设置位置为（468，611，940），缩放为（317，317，317），方向为（270°，0°，0°），如图9-57所示。

步骤08 新建一个摄像机图层，设置名称为【摄像机1】，【焦距】为15，取消选中【锁定到缩放】复选框，并设置【光圈】和【光圈大小】参数，如图9-58所示。

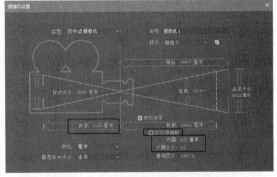

图9-57 开始并设置三维图层　　　　图9-58 创建并设置摄像机图层

步骤09 新建文字图层，在【合成】面板中输入文字"HISTORY"，设置字体为Arial，字体类型为Bold（粗体），字体大小为180，如图9-59所示。

步骤10 开启文字的三维图层，设置【位置】为（-215，630，0），【方向】为（15°，359°，0°），如图9-60所示。

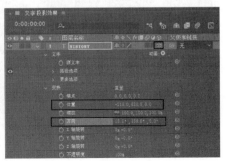

图9-59 输入文字并设置字体　　　　图9-60 设置文字的三维图层

步骤 11 为文字图层添加梯度渐变效果，设置【渐变形状】为【径向渐变】，【渐变起点】为（505，554），【起始颜色】为黄色（RGB为255、249、182），【渐变终点】为（849，842），【结束颜色】为黄色（RGB为212、172、32），如图9-61所示。

步骤 12 打开文字图层下的【材质选项】属性，设置【接受阴影】为【开】，【接受灯光】为【关】，如图9-62所示。

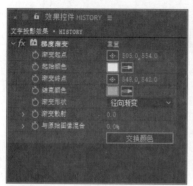

图9-61 设置梯度渐变效果

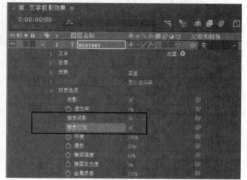

图9-62 设置【材质选项】属性

步骤 13 新建一个灯光图层，设置【名字】为【Light 1】，【灯光类型】为【点】，【颜色】为浅黄色，【强度】为75%，选中【投影】复选框，设置【阴影扩散】为50，如图9-63所示。

步骤 14 在【时间轴】面板中，设置【Light 1】图层的【位置】为（362，465，-392），如图9-64所示。

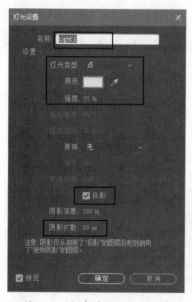

图9-63 新建并设置灯光图层

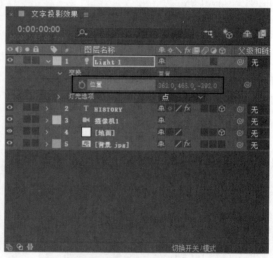

图9-64 设置灯光图层属性

通过以上操作步骤即可完成制作文字投影效果，如图9-65所示。

图9-65 最终制作文字投影效果

同步训练——制作镜头动画

通过上机实战案例的学习后，为了增强读者的动手能力，下面安排一个同步训练案例，以让读者达到举一反三、触类旁通的学习效果。

图解流程

思路分析

本例将打开素材的【3D图层】按钮，并为素材添加关键帧动画，使其产生照片慢慢下落的动画效果，最后创建摄像机图层，设置关键帧动画使其产生镜头运动的效果。

关键步骤

步骤 01　在【项目】面板中右击，在弹出的快捷菜单中选择【新建合成】命令，如图9-66所示。

步骤 02　在弹出的【合成设置】对话框中，设置【合成名称】为【镜头动画】，并设置如图9-67所示的参数，创建一个合成。

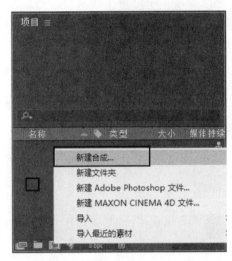

图9-66　选择【新建合成】命令

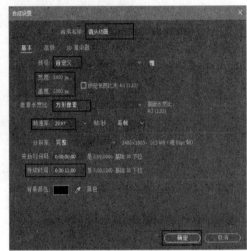

图9-67　创建合成

步骤 03　在【项目】面板空白处双击，在弹出的对话框中选择需要的素材文件，然后单击【导入】按钮，如图9-68所示。

步骤 04　将【项目】面板中的素材文件拖曳到【时间轴】面板中，然后将全部的图层都开启三维图层，最后设置【02.jpg】图层的起始时间为第4秒，如图9-69所示。

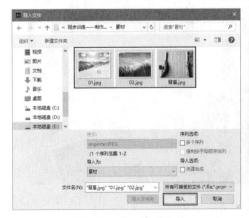

图9-68　导入素材文件

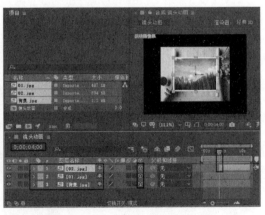

图9-69　设置三维图层

步骤05　分别为【01.jpg】图层和【02.jpg】图层添加投影效果，设置【不透明度】为80%，【柔和度】为60，如图9-70所示。

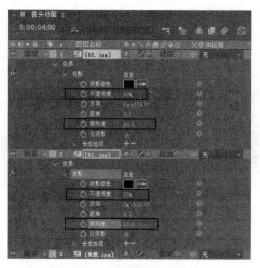

图9-70　设置后的效果

> **温馨提示**
> 将光标移动至【时间轴】面板中的起始位置上，当光标变为↔时，按住鼠标左键将素材向右或向左拖曳，即可改变素材的起始时间。

步骤06　将时间线滑块拖曳到第0帧，开启【01.jpg】图层的位置、X轴旋转、Y轴旋转的动画关键帧，设置【位置】为（1200，1003，−3526），【X轴旋转】为0x+90°，【Y轴旋转】为0x+35°。开启【背景.jpg】图层的【缩放】动画关键帧，设置【缩放】为（280，280，280%），如图9-71所示。

图9-71　设置动画关键帧1

步骤07 将时间线滑块拖曳到第28帧，设置【01.jpg】图层的【X轴旋转】为0x+77°，如图9-72所示。

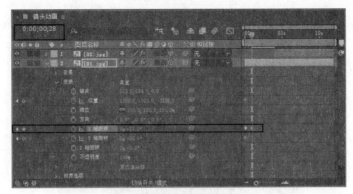

图9-72　设置动画关键帧2

步骤08 将时间线滑块拖线滑块到第1秒27帧，设置【01.jpg】图层的【位置】为（1116，850，–1640），【X轴旋转】为0x+85°，【Y轴旋转】为0x+16°，如图9-73所示。

图9-73　设置动画关键帧3

步骤09 将时间线滑块拖曳到第3秒12帧，设置【01.jpg】图层的【位置】为（1063，608，–513），【X轴旋转】为0x+72°，【Y轴旋转】为0x+3.7°，如图9-74所示。

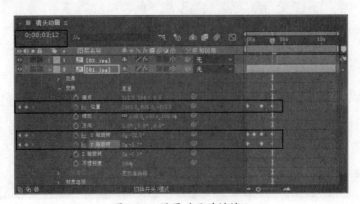

图9-74　设置动画关键帧4

步骤10 将时间线滑块拖曳到第4秒，设置【01.jpg】图层的【位置】为（1044，608，0），【X轴旋转】为0x+0°，【Y轴旋转】为0x+0°。开启【02.jpg】图层的动画关键帧，设置【位置】为（1386，1693，-642），设置【Z轴旋转】为0x+64°，如图9-75所示。

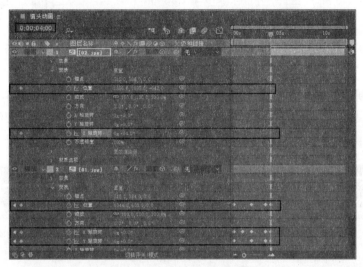

图9-75　设置动画关键帧5

步骤11 将时间线滑块拖曳到第5秒25帧，设置【02.jpg】图层的【位置】为（1496，1015，0），如图9-76所示。

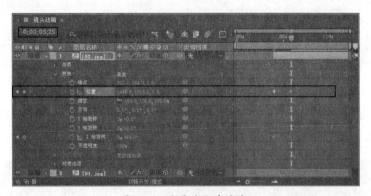

图9-76　设置动画关键帧6

步骤12 将时间线滑块拖曳到第10秒，设置【背景.jpg】图层的【缩放】为（200，200，200%），如图9-77所示。

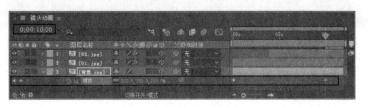

图9-77　设置动画关键帧7

步骤13 此时拖曳时间轴可以查看到的动画效果如图9-78所示。

图9-78 动画效果

步骤14 新建一个摄像机图层，设置其【缩放】为1912，【焦距】为2795，【光圈】为35.4，将时间线滑块拖曳到第0帧，开启【摄像机1】的【位置】和【方向】动画关键帧，设置【位置】为（1200，900，-2400），【方向】为（0°，0°，340°），如图9-79所示。

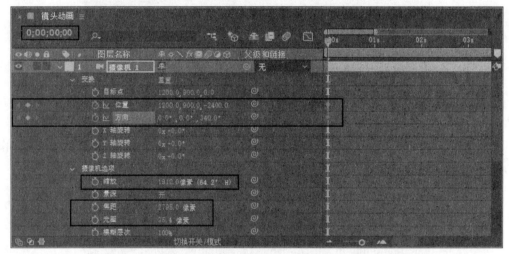

图9-79 新建摄像机并设置动画关键帧

步骤15 将时间线滑块拖曳到第2秒，设置【位置】为（1200，900，-2300），【方向】为（0°，0°，0°），如图9-80所示。

图9-80 设置动画关键帧1

步骤16 将时间线滑块拖曳到第6秒，设置【位置】为（1200，900，-2100），【方向】为（0°，0°，12°），如图9-81所示。

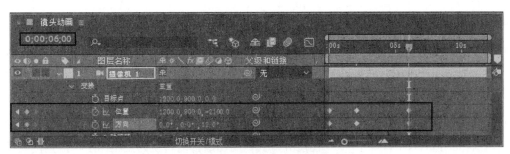

图 9-81　设置动画关键帧 2

步骤 17　将时间轴拖曳到第 10 秒，设置【位置】为（1200，900，−2534），【方向】为（0°，0°，0°），如图 9-82 所示。

图 9-82　设置动画关键帧 3

步骤 18　最终的动画效果，如图 9-83 所示。

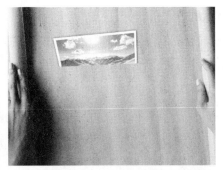

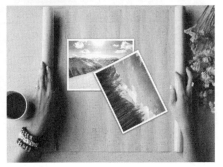

图 9-83　最终效果

知识能力测试

本章主要讲解了三维空间效果的相关知识，为对知识进行巩固和考核，接下来布置相应的练习题。

一、填空题

1. 三维的概念是建立在_____的基础上的，平时所看到的图像画面都是在_____中形成的。

2. 在 After Effects 中，除了_____图层外，其他的图层都能转换为三维图层。注意，使用文字工具创建的文字图层在激活了_____属性之后，就可以对单个文字制作三维动画。

3. 三维空间的工作需要一个坐标系，After Effects 提供了3种坐标系工作方式，分别是本地轴模式、_____和_____。

二、选择题

1. 按（　　）键展开三维图层的旋转属性，观察到三维图层可以操作的旋转参数包含4个，分别是方向、X轴旋转、Y轴旋转和Z轴旋转，而二维图层只有一个【旋转】属性。

A.【R】　　　　　　　　　　B.【S】

C.【P】　　　　　　　　　　D.【A】

2. 默认状态下，在合成影像中是不会产生（　　）的，所有的层都可以完成显示，即使是3D层也不会产生阴影、反射等效果。

A. 灯光层　　　　　　　　　B. 文字层

C. 摄像机层　　　　　　　　D. 图层

三、简答题

1. 如何转换三维图层及取消图层的3D属性？

2. 如何使用多种方法创建三维摄像机？

2020
After Effects

第10章
视频的渲染与输出

项目制作完成之后，就可以进行视频的渲染输出了。根据每个合成的帧数量、质量、复杂程度和输出的压缩方法，输出影片可能会花费几分钟甚至数小时的时间。本章将详细介绍渲染与输出的相关知识及操作方法。

学习目标

- 学会渲染的相关知识
- 熟练掌握输出的操作方法
- 熟练掌握多合成渲染的方法
- 熟练掌握调整大小与裁剪的方法

10.1 渲染

制作完成一部影片，最终需要将其渲染，用户可以按照用途或发布媒介，将其输出为不同格式的文件。本节将详细介绍渲染的相关知识及操作方法。

10.1.1 渲染队列窗口

渲染在整个影片制作过程中是最后一步，也是关键的一步。即使前面制作得再精妙，渲染效果不好也会直接导致作品的失败，渲染的方式影响影片最终呈现的效果。

After Effects 可以将合成项目渲染输出成视频文件、音频文件或者序列图片等。输出的方式有两种：一种是通过选择【文件】→【导出】命令直接输出单个的合成项目；另一种是选择【合成】→【添加到渲染队列】命令，将一个或多个合成项目添加到【渲染队列】面板中，逐一进行批量输出，如图10-1所示。

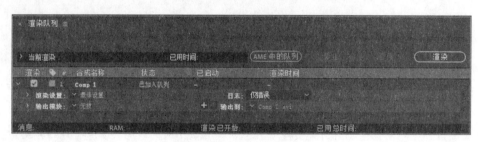

图 10-1 【渲染队列】面板

其中，通过【文件】→【导出】命令输出时，可选的格式和解码较少；通过【渲染队列】面板进行输出，可以进行非常专业的控制，并支持多种格式和解码。

在【渲染队列】面板中可以控制整个渲染进程，调整各个合成项目的渲染顺序，设置每个合成项目的渲染质量、输出格式和路径等，当新添加项目到【渲染队列】面板时，【渲染队列】会自动打开，如果不小心关闭了，也可以通过【窗口】→【渲染队列】命令再次打开。单击【当前渲染】左侧的 按钮，显示的主要信息如图10-2所示。

图 10-2 【当前渲染】详细信息

渲染队列区如图10-3所示。

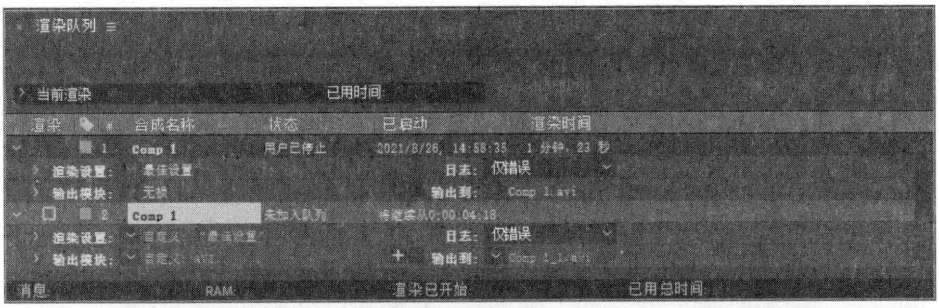

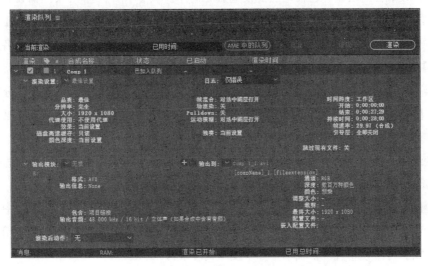

图10-3 渲染队列区

需要渲染的合成项目将逐一排列在渲染队列中，在此，可以设置项目的【渲染设置】、【输出模块】（输出模式、格式和解码等）和【输出到】（文件名和路径）等。下面对【渲染队列】各部分进行介绍。

- 渲染：是否进行渲染操作，只有选择的合成项目才会被渲染。
- ：选择标签颜色，用于区分不同类型的合成项目，方便用户识别。
- ：队列序号，决定渲染的顺序，可以在合成项目上按住鼠标左键并上下拖曳到目标位置，改变先后顺序。
- 合成名称：合成项目的名称。
- 状态：当前状态。
- 已启动：渲染开始的时间。
- 渲染时间：渲染所花费的时间。

单击【渲染队列】面板左侧的 按钮可展开具体的设置信息，单击 按钮可以选择已有的设置预置，单击当前设置标题，可以打开具体的设置区，如图10-4所示。

图10-4 具体设置信息

10.1.2 渲染设置选项

渲染设置的方法为：在【渲染设置】左侧单击 按钮，选择【最佳设置】预置，然后单击右侧的设置标题，即可弹出【渲染设置】对话框，如图10-5所示。

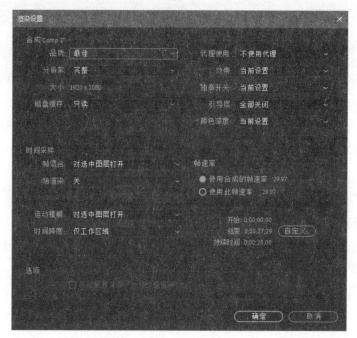

图10-5　【渲染设置】对话框

下面对【渲染设置】对话框各部分进行介绍。

（1）【合成】设置区

① 品质：设置图层质量，包括【当前设置】、【最佳】和【草图】选项。【当前设置】表示各层采用当前设置，即根据【时间轴】面板中各层属性开关面板上的图层画质设定而定；【最佳】表示全部采用最好的质量（忽略各层的质量设置）；【草图】表示全部采用粗略质量（忽略各层的质量设置）；【线框】表示全部采用线框模式（忽略各层的质量设置）。

② 分辨率：像素采样质量，其中包括【当前设置】、【完整】、【二分之一】、【三分之一】、【四分之一】和【自定义】选项。选择【自定义】选项，可在弹出的【自定义分辨率】对话框中进行分辨率设置。

③ 磁盘缓存：指定是否采用内存缓存设置。选择【只读】表示不采用当前【首选项】中的设置，而且在渲染过程中，不会有任何新的帧被写入内存缓存中。

④ 代理使用：指定是否使用代理素材。【当前设置】表示采用当前【项目】面板中各素材当前的设置，【使用全部代理】表示全部使用代理素材进行渲染，【仅使用合成的代理】表示只对合成项目使用代理素材，【不使用代理】表示全部不使用代理素材。

⑤ 效果：指定是否采用特效滤镜。【当前设置】表示采用当前时间轴中各个特效的设置；【全开】表示启用所有的特效滤镜，即使某些滤镜处于暂时关闭状态；【全关】表示关闭所有特效滤镜。

⑥ 独奏开关：指定是否只渲染【时间轴】面板中的【独奏】开关开启的层。如果设置为【全关】，则表示不考虑独奏开关。

⑦ 颜色深度：选择色深，如果是标准版的 After Effects，则有【16位/通道】和【32位/通道】这两个选项。

（2）【时间采样】设置区

① 帧混合：指定是否采用帧混合模式。【当前设置】根据当前【时间轴】面板中的【帧混合开关】■的状态和各个层【帧混合模式】■的状态，来决定是否使用帧混合功能；【对选中图层打开】是忽略【帧混合开关】■的状态，对所有设置了【帧混合模式】■的图层应用帧混合功能；如果设置了【图层全关】，则代表不采用帧混合模式。

② 场渲染：指定是否采用场渲染方式。【关】表示渲染成不含场的视频影片，【上场优先】表示渲染成上场优先的含场的视频影片，【下场优先】表示渲染成下场优先的含场的视频影片。

③ 运动模糊：指定是否采用运动模糊。【当前设置】是根据当前【时间轴】面板中【动态模糊开关】■的状态和各个层动态模糊的状态，来决定是否使用动态模糊功能；【对选中图层打开】是忽略【动态模糊开关】■，对所有设置了动态模糊的图层应用运动模糊效果；如果设置为【图层全关】，则表示不启用动态模糊功能。

④ 时间跨度：定义当前合成项目渲染的时间范围。【合成长度】表示渲染整个合成项目，也就是合成项目设置了多长的持续时间，输出的影片就有多长时间；【仅工作区域】表示根据【时间轴】面板中设置的工作环境范围来设定渲染的时间范围（按【B】键工作环境范围开始，按【N】键工作环境范围结束）；【自定义】表示自定义渲染的时间范围。

⑤ 使用合成的帧速率：使用合成项目中设置的帧速率。

⑥ 使用此帧速率：使用此处设置的帧速率。

（3）【选项】设置区

跳过现有文件（允许多机渲染）：选中此复选框，将自动忽略已存在的序列图片，也就是忽略已经渲染过的序列帧图片，此功能主要用于网络渲染。

10.1.3　设置输出模块

渲染设置完成后，即可开始设置输出模块，主要是设定输出的格式和解码方式等。单击■按钮，可以选择系统预置的一些格式和解码，单击【输出模块】区域右侧的设置标题，即可弹出【输出模块设置】对话框，如图10-6所示。

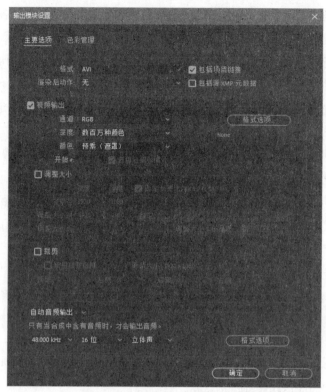

图10-6 【输出模块设置】对话框

下面对【输出模块设置】对话框中各部分进行介绍。

（1）基础设置区

- 格式：设置输出的文件格式，如AVI、Quick Time Movie（苹果公司Quick Time视频格式）、MPEG2-DVD（DVD视频格式）、JPEG序列（HPEG格式序列图）、WAV（音频）等，格式类型非常丰富。
- 渲染后动作：指定After Effects软件是否使用刚渲染的文件作为素材或者代理素材。【导入】表示渲染完成后，自动作为素材置入当前项目中；【导入并替换】表示渲染完成后，自动置入项目中替代合成项目，包括这个合成项目被嵌入其他合成项目中的情况；【设置代理】表示渲染完成后，作为代理素材置入项目中。

（2）视频设置区

- 视频输出：指定是否输出视频信息。
- 通道：选择输出的通道，包括RGB（3个色彩通道）、Alpha（仅输出Alpha通道）和RGB+Alpha（三色通道和Alpha通道）。
- 深度：指色深选择。

- 颜色：指定输出的视频包含的 Alpha 通道为哪种模式，是【直通（无遮罩）】模式还是【预乘（遮罩）】模式。
- 开始#：当输出的格式是序列图时，在这里可以指定序列图的文件名序列数，为了将来识别方便，也可以选中【使用合成帧编号】复选框，输出的序列图片数字就是其帧数字。
- 格式选项：视频的编码方式的选择。虽然之前确定了输出的格式，但是每种文件格式中又有多种编码方式，编码方式不同生成的影片质量不同，最后产生的文件量也会有所不同。
- 调整大小到：指是否对画面进行缩放处理。
- 调整大小：指缩放的具体宽高尺寸，也可以从右侧的预置列表中选择。
- 调整大小后的品质：指缩放质量的选择。
- 锁定长宽比：指是否强制高宽比为特殊比例。
- 裁剪：指是否裁切画面。
- 使用目标区域：仅采用【合成】面板中的【目标区域】工具确定的画面区域。
- 顶部、左侧、底部、右侧：这 4 个选项分别设置上、左、下、右被裁切掉的像素尺寸。

（3）音频设置区

- 音频输出：指是否输出音频信息。
- 格式选项：指音频的编码方式，也就是用什么压缩方式压缩音频信息。
- 设置音频质量：包括【kHz】、【位】、【立体声】或【单声道】设置。

技　能　拓　展

　　如果使用 After Effects 新建的合成为 1920 像素 × 1280 像素，那么在输出操作时默认也同样为 1920 像素 × 1280 像素。如果需要使输出的分辨率与新建合成分辨率不同，那么可开启【输出模块设置】对话框中的【调整大小】选项。

10.1.4　渲染和输出的预置

　　After Effects 虽然提供了众多的渲染设置和输出预置，但不能满足更多的个性化需求。用户可以将常用的一些设置存储为自定义的预置，以后进行输出操作时，不需要一遍遍地反复设置，只需要单击 按钮，在弹出的列表框中选择即可。

　　在菜单栏中选择【编辑】→【模板】→【渲染设置】命令，即可在弹出的【渲染设置模板】对话框中进行相关设置，如图 10-7 所示。在菜单栏中选择【编辑】→【模板】→【输出模块】命令，即可在弹出的【输出模块模板】对话框中进行相关设置，如图 10-8 所示。

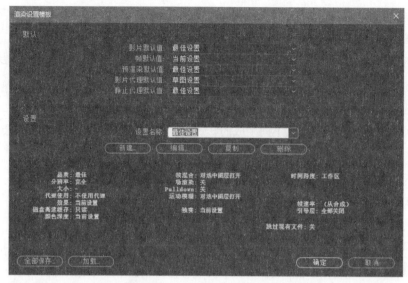

图10-7 【渲染设置模板】

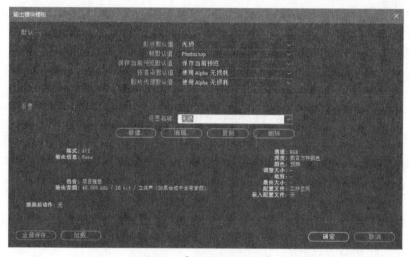

图10-8 【输出模块模板】

10.1.5 编码和解码问题

不压缩的视频和音频数据量非常大，因此在输出时需要通过特定的压缩技术对数据进行压缩处理，以减小最终的文件量，便于传输和存储。这样就需要在输出时选择恰当的编码器，在播放时使用同样的解码器即可进行解压还原画面。

目前视频流传输中较为重要的编码标准有国际电联的H.261和H.263、运动静止图像专家组的M-JPEG、国际标准化组织运动图像专家组的MPEG系列标准。此外，在互联网上被广泛应用的还有Real-Networks的RealVideo、微软公司的WMT及苹果公司的QuickTime等。就文件格式来讲，对于.avi微软视窗系统中的通用视频格式，现在流行的编码和解码方式有Xvid、MPEG-4、DivX、Microsoft DV等；对于.mov苹果公司的QuickTime视频格式，比较流行的编码和解码方式有MPEG-4、H.263、Sorenson Video等。

在输出时，最好选择使用普遍的编码器和文件格式，或者是目标客户平台共有的编码器和文件格式；否则在其他播放环境中播放时，有可能因为缺少解码器或相应的播放器而无法看见视频或者无法听到声音。

10.2 输出

对于设计制作好的视频，可以以多种方式输出，如输出标准视频、输出合成项目中的某一帧、输出 Premiere Pro 项目等。本节将详细介绍视频的输出方法和形式。

10.2.1 输出标准视频

当对合成项目操作完成后，用户可以在【项目】面板中选择准备输出的合成，然后进行影片的输出。下面详细介绍输出标准视频的操作方法。

步骤01 在【项目】面板中，选择准备进行输出的合成文件，然后在菜单栏中选择【合成】→【添加到渲染队列】命令，如图10-9所示。

步骤02 在【渲染队列】面板中，设置渲染属性、输出格式和输出路径，然后单击【渲染】按钮，即可输出标准视频，如图10-10所示。

图10-9 选择【添加到渲染队列】命令

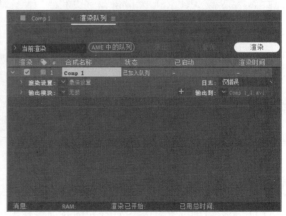

图10-10 输出标准视频

如果要将此合成项目渲染成多种格式或多种编码，可以在第2个步骤之后选择【合成】→【添加输出模块】命令，添加输出格式和指定另一个输出文件的路径及名称，这样可以做到一次创建，任意发布。

10.2.2　输出合成项目中的某一帧

使用 After Effects 软件，用户还可以输出合成项目中的某一帧画面，下面详细介绍其操作方法。

步骤01　将时间线滑块移动到目标帧，然后在菜单栏中选择【合成】→【帧另存为】→【文件】命令，如图10-11所示。

步骤02　该帧会自动添加到【渲染队列】面板中，单击【渲染】按钮，即可输出合成项目中的某一帧，如图10-12所示。

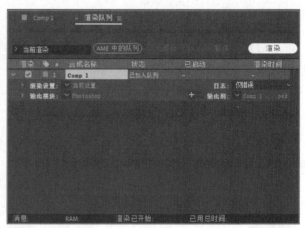

图10-11　选择菜单命令　　　　图10-12　输出合成项目中的某一帧

技 能 拓 展

如果选择【合成】→【帧另存为】→【Photoshop图层】命令，那么将直接打开【另存为】对话框，设置好路径和文件名，即可完成单帧画面的输出。

课堂范例——输出为 Premiere Pro 项目

用户无须渲染，就可以将 After Effects 项目输出为 Premiere Pro 项目，本例详细介绍其操作方法。

步骤01　打开"素材文件\第10章\雨中闪电效果.aep"，选择一个准备要输出的合成，然后在菜单栏中选择【文件】→【导出】→【导出 Adobe Premiere Pro 项目】命令，如图10-13所示。

步骤 02 系统会弹出【导出为 Adobe Premiere Pro 项目】对话框,选择输出文件的存储位置,单击【保存】按钮,即可完成输出,如图10-14所示。

图 10-13 选择【Adobe Premiere Pro 项目】命令

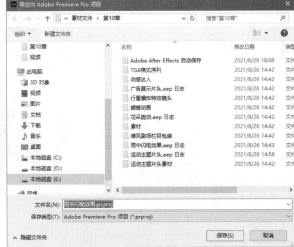

图 10-14 输出为 Premiere Pro 项目

当输出的 After Effects 项目为一个 Premiere Pro 项目时,Premiere Pro 使用 After Effects 项目中第一个合成的设置作为所有序列的设置。在将一个 After Effects 图层粘贴到 Premiere Pro 序列中时,关键帧、效果和其他属性都会以同样的方式被转换。

10.3 多合成渲染

如果 After Effects 拥有多个合成项目,那么可以切换至其他合成项目的【时间轴】面板,同样能进行渲染输出操作。本节将详细介绍多合成渲染的操作方法。

10.3.1 开启影片渲染

影片的渲染是对构成影片的每个帧进行逐帧渲染,下面将详细介绍影片渲染操作。

步骤 01 选择一个准备要输出的合成,如选择【总合成】,然后在菜单栏中选择【合成】→【添加到渲染队列】命令,如图10-15所示。

步骤 02 在【渲染队列】面板中,可以观察到添加的【总合成】项目,开启其【渲染】项,即可确认开启影片渲染的操作,如图10-16所示。

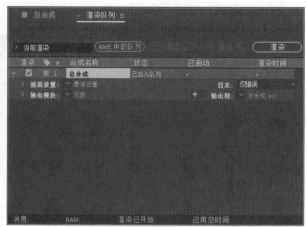

图 10-15　选择【添加到渲染队列】命令　　　　图 10-16　确认开启影片渲染

10.3.2　多合成渲染设置

用户可以将多个合成项目切换至合成项目的【时间轴】面板中，同时进行渲染输出的操作，下面详细介绍多合成渲染的操作方法。

步骤01　在拥有多个合成的项目中，切换至其他合成项目的【时间轴】面板中，如切换至【c02】合成，如图 10-17 所示。

步骤02　在菜单栏中选择【合成】→【添加到渲染队列】命令，如图 10-18 所示。

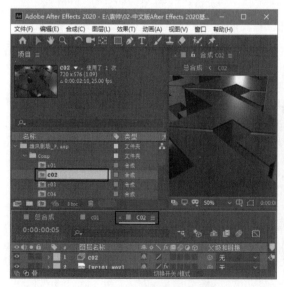

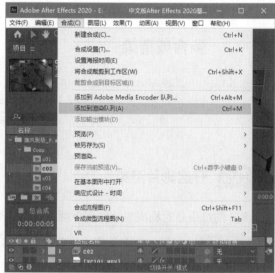

图 10-17　切换至【c02】合成　　　　图 10-18　选择【添加到渲染队列】命令

步骤03　在【渲染队列】面板中，可以看到新添加的【c02】项，再切换开关按钮，确认是否应用【渲染】项，如图10-19所示。

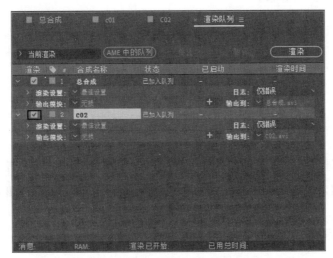

图10-19　确认是否应用【渲染】项

10.3.3 渲染进程设置

将多个合成项目添加到【渲染队列】面板中后，用户可以对渲染进程进行一些相关设置，下面详细介绍其操作方法。

步骤01 在【渲染队列】面板中，单击【渲染】按钮，After Effects会按次序对合成文件进行渲染，如图10-20所示。

步骤02 在【渲染队列】面板中，单击【渲染】按钮后，如果再单击【停止】按钮则可结束渲染操作，系统会再次将未渲染完成的队列自动进行新建，便于用户再次进行渲染操作，如图10-21所示。

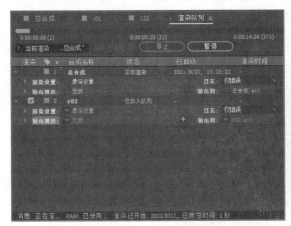

图10-20　依次渲染

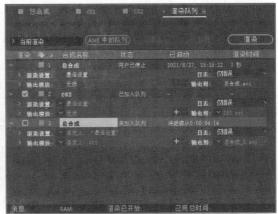

图10-21　结束渲染操作

10.4 调整大小与裁剪

本节将介绍如何调整输出视频的画面分辨率和制定画面裁剪区域，从而提高学习渲染与输出的操作知识。

10.4.1 添加渲染队列

要对视频进行调整大小与裁剪的操作，首先需要添加渲染队列，下面详细介绍其操作方法。

步骤01 在【项目】面板中，选择【总合成】合成文件，准备进行影片的选择输出操作，如图10-22所示。

步骤02 在菜单栏中选择【合成】→【添加到渲染队列】命令，如图10-23所示。

图10-22 选择【总合成】合成文件　　图10-23 选择【添加到渲染队列】命令

步骤03 在【渲染队列】面板中，可以观察到添加的【总合成】项目。确认并开启其【渲染】项，单击【输出到】右侧的文件名，如图10-24所示。

步骤04 弹出【将影片输出到：】对话框，在其中设置输出路径和文件名，即可完成添加渲染队列的操作，如图10-25所示。

图10-24 【渲染队列】面板设置

图 10-25 设置输出路径和文件名

10.4.2 调整输出大小

对视频完成添加渲染队列操作后，即可开始调整输出大小的操作，下面详细介绍其操作方法。

步骤01 在【渲染队列】面板中，单击【输出模块】区域右侧的【无损】，如图 10-26 所示。

步骤02 在弹出的【输出模块设置】对话框中，用户可以选中【调整大小】复选框，然后进行自定义尺寸的输出，如图 10-27 所示。

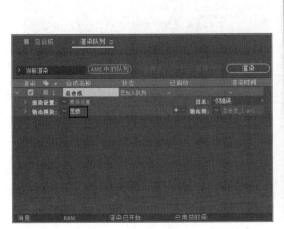

图 10-26 单击【无损】文字位置

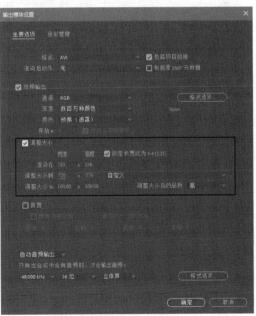

图 10-27 自定义尺寸的输出

步骤03 After Effects系统中拥有多种预设分辨率类型，用户可以在该对话框中展开【调整大小到】列表框，在其中快速进行预设选择，如图10-28所示。

10.4.3 输出裁剪设置

使用After Effects软件，用户还可以对视频进行输出裁剪的设置，下面介绍其操作方法。

步骤01 在【输出模块设置】对话框中，选中【裁剪】复选框，可以对输出的画面进行裁剪设置，如图10-29所示。

步骤02 在【输出模块设置】对话框中，设置【顶部】为40，【底部】为40，将裁剪掉画面上下两端的图像，这样即可完成输出裁剪设置的操作，如图10-30所示。

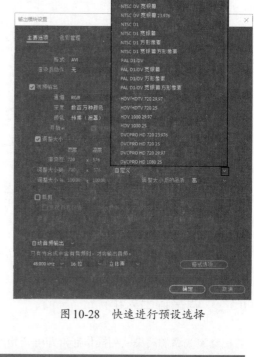

图10-28 快速进行预设选择

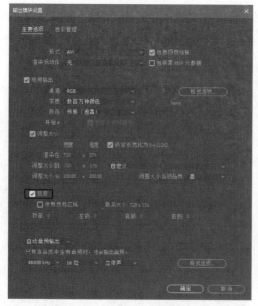

图10-29 选中【裁剪】复选框

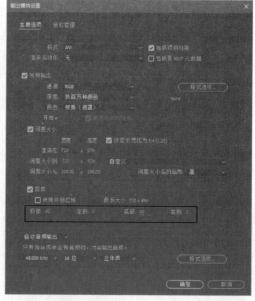

图10-30 裁剪删除画面上下两端的图像

课堂问答

通过本章的讲解，读者对视频的渲染与输出知识有了一定的了解，下面列出一些常见的问题供学习参考。

问题❶：如何将尚未在合成中使用的素材文件删除？

答：在菜单栏中选择【文件】→【整理工程（文件）】→【删除未使用的素材】命令，即可将尚未在合成中使用的素材文件删除，并会提示删除后可以撤销等操作。

问题❷：如何收集文件？

答：在菜单栏中选择【文件】→【整理工程（文件）】→【收集文件】命令，在弹出的对话框中进行设置，从而完成收集文件的操作。

问题❸：如何减少合成中的项目？

答：选择需要减少的项目，然后在菜单栏中选择【文件】→【整理工程（文件）】→【减少项目】命令，即可删除所选择的项目。

问题❹：如何查看合成流程图？

答：选择准备查看的合成，然后在菜单栏中选择【合成】→【合成流程图】命令，即可打开【流程图】面板，用户可以在该面板中查看该合成详细的流程图。

上机实战——渲染小尺寸的视频

通过本章的学习，为让读者巩固本章知识点，下面讲解一个技能综合案例，使大家对本章的知识有更深入的了解。

效果展示

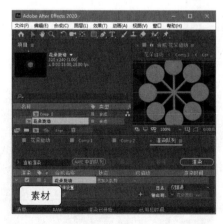
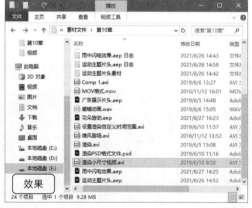

思路分析

本例通过【渲染设置】对话框设置【分辨率】为三分之一，然后设置渲染格式，设置文件名和保存位置，最后进行渲染即可完成渲染小尺寸视频的操作。

制作步骤

步骤01 打开"素材文件\第10章\花朵旋动.aep"，选择【花朵旋动】合成，在【时间轴】

面板中按【Ctrl+M】快捷键，打开【渲染队列】面板，然后单击【渲染设置】后面的【最佳设置】链接项，如图10-31所示。

步骤02　在弹出的【渲染设置】对话框中，设置【分辨率】为三分之一，单击【确定】按钮，如图10-32所示。

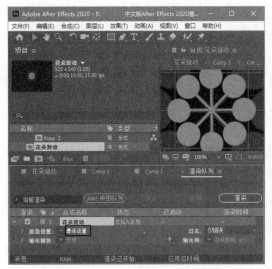

图10-31　单击【渲染设置】后面的链接项　　　　图10-32　设置【分辨率】为三分之一

步骤03　返回到【渲染队列】面板，然后单击【输出模块】后面的【无损】链接项，如图10-33所示。

步骤04　在弹出的【输出模块设置】对话框中，设置【格式】为AVI，单击【确定】按钮，如图10-34所示。

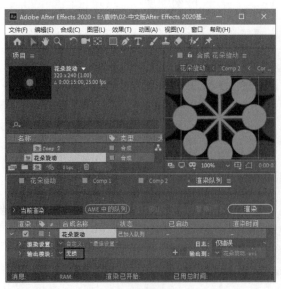
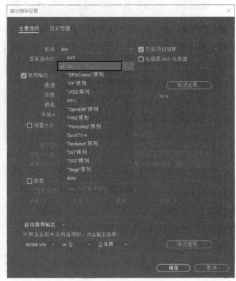

图10-33　单击【输出模块】后面的链接项　　　　图10-34　设置格式

步骤05　返回到【渲染队列】面板，单击【输出到】后面的【花朵旋动.avi】链接项，如图 10-35 所示。

步骤06　在弹出的【将影片输出到：】对话框中，设置文件名和保存位置，单击【保存】按钮，如图 10-36 所示。

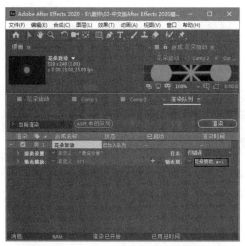

图 10-35　单击【输出到】后面的链接项　　　　图 10-36　设置文件名和保存位置

步骤07　返回到【渲染队列】面板中，单击【渲染】按钮，如图 10-37 所示。

步骤08　渲染完成后，在刚才设置的路径下就能看到渲染出的视频，这样即可完成渲染小尺寸视频的操作，如图 10-38 所示。

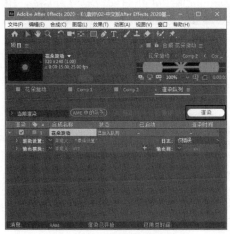

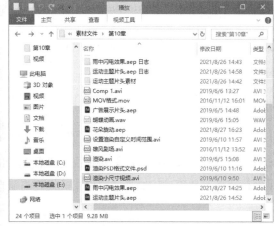

图 10-37　单击【渲染】按钮　　　　图 10-38　渲染出的视频

同步训练——设置渲染自定义时间范围

通过上机实战案例的学习后，为增强读者的动手能力，下面安排一个同步训练案例，让读者达到举一反三、触类旁通的学习效果。

图解流程

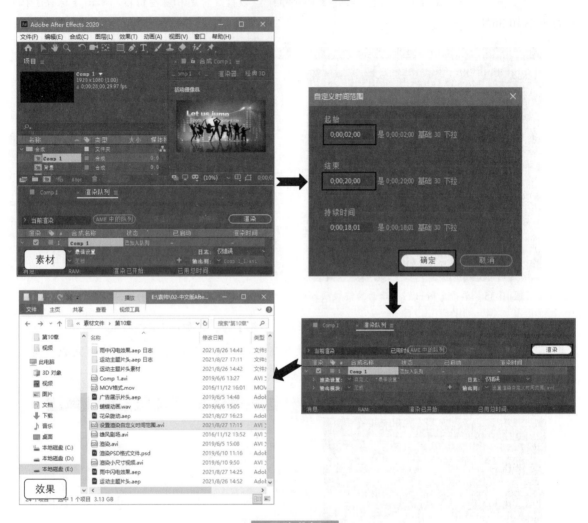

思路分析

本例通过【自定义时间范围】对话框对准备渲染的视频设置起始和结束时间，然后再设置文件名和保存位置，最后再进行渲染，即可完成设置渲染自定义时间范围的视频。

关键步骤

步骤01 打开"素材文件\第10章\运动主题片头.aep"，选择【comp1】合成，按【Ctrl+M】快捷键打开【渲染队列】面板，在该面板中单击【渲染设置】后面的【最佳设置】链接项，如图10-39所示。

步骤02 弹出【渲染设置】对话框，单击【自定义】按钮，如图10-40所示。

图 10-39　单击【最佳设置】链接项

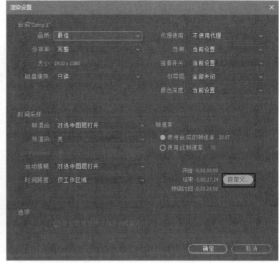

图 10-40　单击【自定义】按钮

步骤03　在弹出的【自定义时间范围】对话框中，设置【起始】时间为2秒，【结束】时间为20秒，单击【确定】按钮，如图10-41所示。

步骤04　返回到【渲染设置】对话框，可以看到已经设置【自定义时间范围】的时间，单击【确定】按钮，如图10-42所示。

图 10-41　设置自定义时间范围

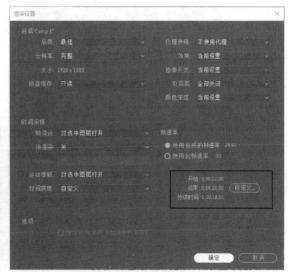

图 10-42　设置【自定义时间范围】的时间

步骤05　返回到【渲染队列】面板中，单击【输出到】后面的链接项，如图10-43所示。

步骤06　弹出【将影片输出到：】对话框，设置文件名和保存位置，单击【保存】按钮，如图10-44所示。

图 10-43　单击【输出到】后面的链接项

图 10-44　设置文件名和保存位置

步骤07　返回到【渲染队列】面板中，单击【渲染】按钮，如图10-45所示。

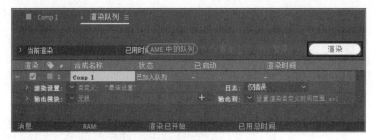
图 10-45　单击【渲染】按钮

步骤08　此时即可开始渲染所选择时间范围的视频，用户需要在线等待一段时间，如图10-46所示。

图 10-46　开始渲染所选择时间范围的视频

步骤09　渲染完成后，在刚才设置的路径下就能看到渲染出的文件，这样即可完成设置渲染自定义时间范围的操作，如图10-47所示。

图 10-47　渲染出的文件

知识能力测试

本章讲解了视频的渲染与输出，为对知识进行巩固和考核，接下来布置相应的练习题。

一、填空题

1. ＿＿＿＿在整个影片制作过程中是最后一步，也是相当关键的一步。即使前面制作得再精妙，不成功的渲染也会直接导致作品的失败，渲染的方式影响影片最终呈现的效果。

2. 渲染设置的方法为：在【渲染设置】区域左侧单击▼按钮，选择【最佳设置】预置，然后单击右侧的设置标题，即可弹出＿＿＿＿对话框。

3. 渲染设置完成后，即可开始设置输出模块，主要是设定输出的格式和解码方式等。单击▼按钮，可以选择系统预置的一些格式和解码，单击【输出模块】区域右侧的设置标题，即可弹出＿＿＿＿对话框。

4. 不压缩的视频和音频数据量非常庞大，因此在输出时需要通过特定的压缩技术对数据进行压缩处理，以减小最终的文件量，便于传输和存储。这样就需要在输出时选择恰当的＿＿＿＿，在播放时使用同样的＿＿＿＿解压还原画面。

5. 目前视频流传输中较为重要的编码标准有国际电联的＿＿＿＿、＿＿＿＿。

6. 在输出时，最好选择使用普遍的＿＿＿＿和＿＿＿＿，或者是目标客户平台共有的编码器和文件格式；否则在其他播放环境中播放时，有可能因为缺少解码器或相应的播放器而无法看见视频或者无法听到声音。

7. 当合成工程操作完成后，用户可以在＿＿＿＿面板中选择准备输出的合成，然后进行影片的输出。

二、选择题

1．如果 After Effects 拥有多个合成项目，那么可以切换至其他合成项目的（　　）面板，同样能够进行渲染输出操作。

　　A.【合成】　　　　　　　　　　B.【时间轴】

　　C.【素材】　　　　　　　　　　D.【项目】

2．影片的渲染是构成影片的每个（　　）的逐帧渲染。

　　A．帧　　　　　　　　　　　　B．时间

　　C．秒　　　　　　　　　　　　D．关键帧

3．在菜单栏中选择【编辑】→【模板】→【渲染设置】命令，即可在弹出的（　　）对话框中进行相关设置。

　　A.【输出模块模板】　　　　　　B.【渲染设置模板】

　　C.【输出】　　　　　　　　　　D.【渲染】

4．在菜单栏中选择【编辑】→【模板】→【输出模块】命令，即可在弹出的（　　）对话框中进行相关设置。

　　A.【渲染设置模板】　　　　　　B.【渲染】

　　C.【输出】　　　　　　　　　　D.【输出模块模板】

三、简答题

1．如何将视频输出为 Premiere Pro 项目？

2．如何调整视频的输出大小？

3．如何对视频进行输出裁剪设置？

2020
After Effects

第11章
商业案例实训

在 After Effects 中，利用各种特效可以制作出多种适于商业的效果，使用后期软件来制作商业宣传片特效可以大大节省成本，也可以加快影片制作的速度，还可以制作出各种非常真实的特效。通过本章的学习，读者可以掌握常用商业特效制作方面的知识，为深入学习 After Effects 影视高级特效制作知识奠定基础。

学习目标

- 学会制作旅游产品促销广告动画
- 学会制作传统文化栏目包装动画

制作旅游产品促销广告动画

效果展示

思路分析

本节将详细介绍制作旅游产品促销广告动画，该动画效果是广告动画的常用特效之一，主要应用卡片擦除-3D摇摆效果、CC Light Sweep（CC扫光）效果及使用各种关键帧动画等来进行制作。

制作步骤

步骤01 在【项目】面板中右击，在弹出的快捷菜单中选择【新建合成】命令，在弹出的【合成设置】对话框中，设置合成名称为【合成1】，并设置如图11-1所示的参数，创建一个合成。

步骤02 在【项目】面板空白处双击，在弹出的对话框中选择本例需要的素材文件，然后单击【导入】按钮，将【项目】面板中的素材文件1.jpg和2.jpg拖曳到【时间轴】面板中，如图11-2所示。

图11-1 创建一个合成

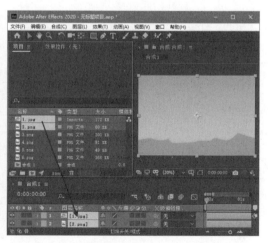

图11-2 将素材拖曳到【时间轴】面板中

步骤03 在【时间轴】面板中将时间线滑块拖曳到起始帧位置，然后在【效果和预设】面板中搜索"缩放 - 摇摆"效果，并将其拖曳到【时间轴】面板中的【2.jpg】图层上，如图11-3所示。

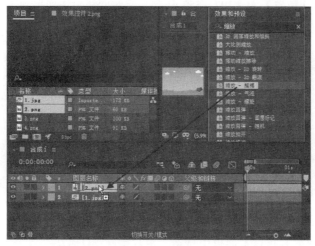

图 11-3 为【2.jpg】图层添加效果

步骤04 此时，拖曳时间线即可查看画面效果，如图11-4所示。

图 11-4 添加效果后的画面效果

步骤05 在【项目】面板中将素材3.png和4.png拖曳到【时间轴】面板中，如图11-5所示。

图 11-5 将素材拖曳到【时间轴】面板中

步骤06 在【时间轴】面板中打开【3.png】图层下方的【变换】，并将时间线滑块拖曳到第1秒位置处，开启【位置】自动关键帧，设置【位置】为（-440，552）；再将时间线滑块拖曳到第1秒20帧位置处，设置【位置】为（397，552）。最后将时间线滑块拖曳到第2秒位置处，设置【位置】为（376，552），如图11-6所示。

图11-6　设置【位置】关键帧

步骤07 在【效果和预设】面板中搜索"卡片擦除-3D摇摆"效果，并将其拖曳到【时间轴】面板中的【4.png】图层上，如图11-7所示。

图11-7　为图层添加效果

步骤08 此时，拖曳时间线即可查看设置后的画面效果，如图11-8所示。

图11-8　添加效果后的画面效果

步骤09 在【项目】面板中将素材5.png和6.png拖曳到【时间轴】面板中，如图11-9所示。

图11-9 将素材拖曳到【时间轴】面板中

步骤10 在【时间轴】面板中单击打开【5.png】图层下方的【变换】，设置【锚点】为（1170，476），【位置】为（1178，472）。将时间滑块线拖曳到第5秒15帧位置处，开启【缩放】自动关键帧，设置【缩放】为（0，0%），再将时间线滑块拖曳到第6秒位置处，设置【缩放】为（100，100%），如图11-10所示。

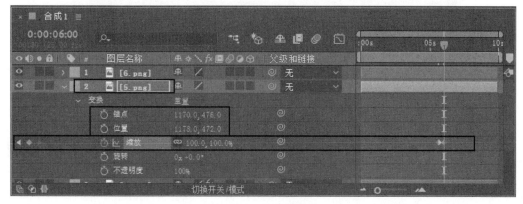

图11-10 设置关键帧

步骤11 在【时间轴】面板中单击打开【6.png】图层下方的【变换】，并将时间线滑块拖曳到第3秒12帧位置处，开启【位置】自动关键帧，设置【位置】为（753.5，−200），再将时间线滑块拖曳到第4秒10帧位置处，设置【位置】为（753.5，500），最后将时间线滑块拖曳到第4秒15帧的位置处，设置【位置】为（753.5，520），如图11-11所示。

图 11-11　设置【位置】关键帧

步骤12　在【效果和预设】面板中搜索"CC Light Sweep"效果，并将其拖曳到【时间轴】面板中的【6.png】图层上，如图11-12所示。

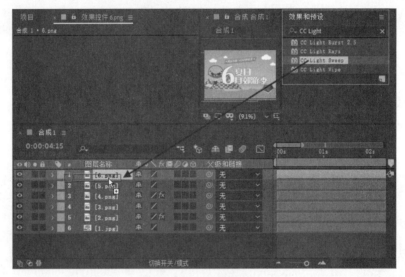

图 11-12　添加效果

步骤13　在【时间轴】面板中单击打开【6.png】图层下方的【CC Light Sweep】，并将时间线滑块拖曳到第4秒15帧位置处，开启【Center】自动关键帧，设置【Center】为（522，965），再将时间线滑块拖曳到第5秒15帧位置处，设置【Center】为（1683，953），如图11-13所示。此时，拖曳时间线滑块即可查看本例的最终效果。

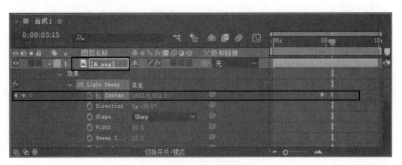

图 11-13　设置关键帧

11.2 制作传统文化栏目包装动画

效果展示

思路分析

传统文化栏目包装的特点是突出中国传统文化，因此本例使用了大量的中式元素，包括中国代表建筑物、书法文字、水墨元素等；在构图上讲究对称布局、大气磅礴、气势恢宏。本例主要使用颜色范围效果和Keylight（1.2）效果抠像，使用【矩形工具】▨绘制蒙版，为素材添加玫瑰之光效果制作预设动画。

制作步骤

步骤01　在【项目】面板中右击，在弹出的快捷菜单中选择【新建合成】命令，在弹出的【合成设置】对话框中，设置【合成名称】为【合成1】，并设置如图11-14所示的参数，创建一个合成。

步骤02　在【项目】面板空白处双击，在弹出的对话框中选择本例需要的素材文件，然后单击【导入】按钮，如图11-15所示。

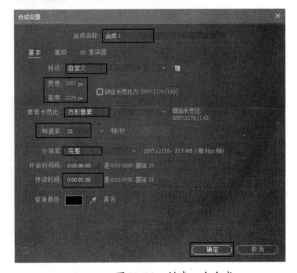

图11-14　创建一个合成

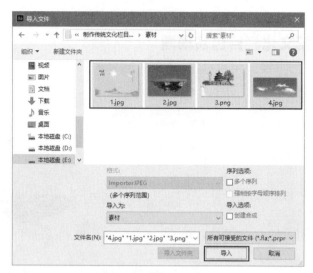

图 11-15　导入素材文件

步骤03　在【项目】面板中，将素材文件1.jpg和2.jpg拖曳到【时间轴】面板中，如图11-16所示。

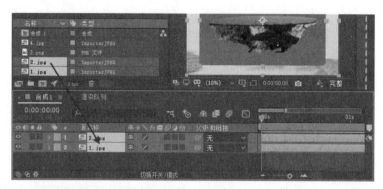

图 11-16　将素材文件拖曳到【时间轴】面板中

步骤04　在【效果和预设】面板中搜索"颜色范围"效果，并将其拖曳到【时间轴】面板中的【2.jpg】图层上，如图11-17所示。

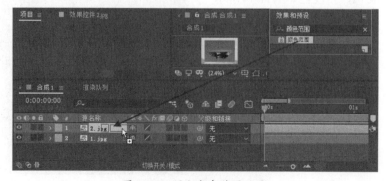

图 11-17　添加颜色范围效果

步骤05 在【时间轴】面板中选择【2.jpg】图层，然后在【效果控件】面板中选择【吸管工具】，接着在【合成】面板中【2.jpg】图层的蓝紫色背景位置处单击吸取抠出颜色。若没有抠出干净，那么可以单击【添加吸管工具】按钮，吸取素材下方的蓝色部分，如图11-18所示。

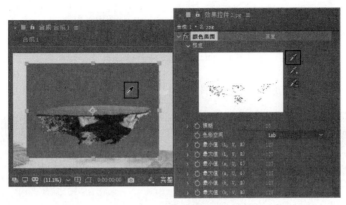

图11-18 吸取抠出背景色

步骤06 此时，拖曳时间线可以查看到画面效果，如图11-19所示。

图11-19 抠出背景色后的效果

步骤07 在【时间轴】面板中单击打开【2.jpg】图层下方的【变换】，设置【位置】为（1517，1184）。接着将时间线滑块拖曳到起始帧位置处，然后依次开启【缩放】和【不透明度】自动关键帧，设置【缩放】为（0，0%），【不透明度】为0%。再将时间线滑块拖曳到第1秒位置处，设置【缩放】为（100，100%），【不透明度】为100%，如图11-20所示。

图11-20 设置关键帧动画

步骤08 此时，拖曳时间线可以查看到画面效果，如图11-21所示。

图11-21 设置后的画面效果

步骤09 在【项目】面板中将素材文件3.png拖曳到【时间轴】面板中，如图11-22所示。

图11-22 将素材文件拖曳到【时间轴】面板中

步骤10 在【时间轴】面板中选择【3.png】图层，然后在工具栏中选择【矩形工具】，在画面中合适的位置处按住鼠标左键并拖曳到合适大小，得到矩形蒙版，如图11-23所示。

图11-23 绘制矩形蒙版

步骤11 在【时间轴】面板中，单击打开【3.png】图层下方的【变换】，并将时间线滑块拖曳到第2秒位置处，然后依次开启【位置】和【不透明度】自动关键帧，设置【位置】为（1693，-657），【不透明度】为0%。再将时间线滑块拖曳到第3秒位置处，设置【位置】为（1693，1073），【不透明度】为100%。最后将时间线滑块拖曳到第3秒5帧位置处，设置【位置】为（1693，1044），【不透明度】为100%，如图11-24所示。

图 11-24 设置关键帧动画

步骤12 此时，拖曳时间线可以查看到画面效果，如图 11-25 所示。

  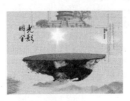 

图 11-25 设置后的画面效果

步骤13 在【项目】面板中再次将素材 3.png 拖曳到【时间轴】面板中，接着在【时间轴】面板中选择【图层 1】的 3.png 素材图层，然后选择【矩形工具】，在【合成】面板中合适的位置处按住鼠标左键并拖曳到合适的大小，得到矩形遮罩，如图 11-26 所示。

图 11-26 绘制矩形遮罩

步骤14 在【时间轴】面板中单击打开【3.png】图层下的【变换】，设置【位置】为（1693，1044），并将时间线滑块拖曳到第 3 秒位置处，然后开启【不透明度】自动关键帧，设置【不透明度】为 0%。再将时间线滑块拖曳到第 4 秒位置处，设置【不透明度】为 100%，如图 11-27 所示。

图 11-27 设置关键帧动画

步骤15 此时，拖曳时间线可以查看到画面效果，如图11-28所示。

图11-28 设置后的画面效果

步骤16 在【项目】面板中将素材4.jpg拖曳到【时间轴】面板中，如图11-29所示。

图11-29 将素材拖曳到【时间轴】面板中

步骤17 在【效果和预设】面板中搜索"Keylight（1.2）"效果，并将其拖曳到【时间轴】面板中的【4.jpg】图层上，如图11-30所示。

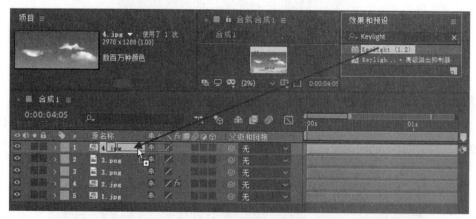

图11-30 为图层添加效果

步骤18 在【效果控件】面板中单击【Screen Colour】的【吸管工具】 ，然后在【合成】面板中【4.jpg】图层的蓝色背景处单击，吸取抠出颜色，然后设置【Screen Balance】为95，如图11-31所示。

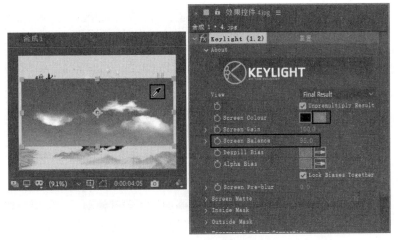

图11-31 抠出背景色

步骤19 此时，可以查看到的画面效果如图11-32所示。

图11-32 抠出颜色后的画面效果

步骤20 将时间线滑块拖曳到第0秒位置，然后在【效果和预设】面板中搜索"玫瑰之光"效果，并将其拖曳到【时间轴】面板中的【4.jpg】图层上，如图11-33所示。

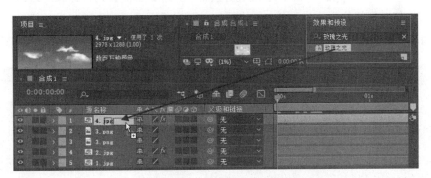

图11-33 为图层添加效果

步骤21 在【时间轴】面板中单击打开【4.jpg】图层下方的【效果】，按住【Ctrl】键的同时，依次选择【Fast Blur】、【Radial Blur】和【Tritone】，按【Delete】键删除选择的效果，如图11-34所示。

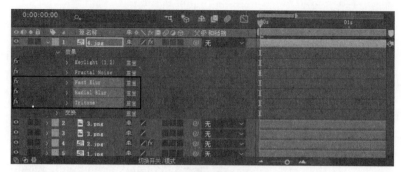

图11-34　选择并删除效果

步骤22　此时，已经在第0帧和末尾帧自动添加好了关键帧动画，需要框选第0秒位置的3个关键帧，将其向后拖曳到第2秒的位置，并重新修改此时的【旋转】为0x+0°，末尾帧的关键帧参数无须再调整，最后设置【混合模式】为相加，如图11-35所示。

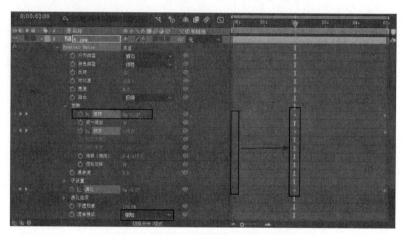

图11-35　设置关键帧及参数、选项

步骤23　打开【4.jpg】图层下方的【变换】，设置【位置】为（1527，1514），【缩放】为（117，117%）。将时间线拖滑块曳到第1秒位置处，开启【不透明度】的自动关键帧，设置【不透明度】为0%，再将时间线滑块拖曳到第2秒位置处，设置【不透明度】为100%，如图11-36所示。

图11-36　设置参数及关键帧

步骤24 此时，拖曳时间线滑块即可查看本例的最终效果，如图11-37所示。

图11-37 案例最终效果

附录A
综合上机实训题

为了强化学生的上机操作能力，专门安排了以下上机实训项目，教师可以根据教学内容与教学进度，合理安排学生上机训练操作的内容。

实训一：制作水波动画效果

素材文件	上机实训\素材文件\水波动画\水波动画素材.aep
结果文件	上机实训\结果文件\水波动画\水波动画素材效果.aep

效果展示

操作提示

本例主要使用合成嵌套来制作水波动画效果，并通过设置焦散效果、混合模式、【折叠变换/连续栅格化】按钮来完成本例的制作。

制作步骤

步骤01　在菜单栏中选择【文件】→【打开项目】命令，然后选择素材文件"水波动画素材.aep"，接着在【项目】面板中双击【最终】合成文件，如图A-1所示。

步骤02　选择合成文件【波浪置换】，并按住鼠标左键将其拖曳到【时间轴】面板中，如图A-2所示。

图A-1　双击合成文件　　　　　图A-2　拖曳合成文件

步骤03　此时，在【合成】面板中可以看到的效果如图A-3所示。

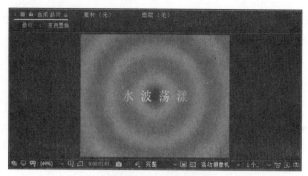

图A-3　合成效果

步骤04　选择图层【水波荡漾】，然后在【效果控件】面板中展开【焦散】下的【水】选项组，设置【水面】选项为【2.波浪置换】，如图A-4所示。

步骤05　在【合成】面板中，可以看到此时的效果，如图A-5所示。

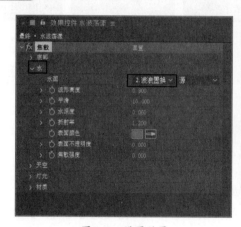

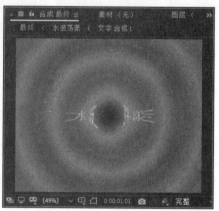

图A-4　设置效果　　　　　　　　　图A-5　合成效果

步骤06　在【时间轴】面板中选择图层【水波荡漾】，将混合模式设置为【屏幕】，然后将图层【波浪置换】隐藏，如图A-6所示。

步骤07　最后单击【折叠变换/连续栅格化】按钮即可，如图A-7所示。

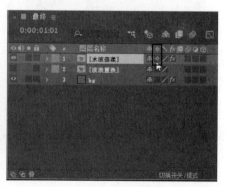

图A-6　隐藏图层　　　　　　　图A-7　单击【折叠变换/连续栅格化】按钮

实训二：制作动态玻璃效果

素材文件	上机实训\素材文件\动态玻璃特效\玻璃01.psd ~ 玻璃05.psd
结果文件	上机实训\结果文件\动态玻璃特效\动态玻璃特效 .aep

效果展示

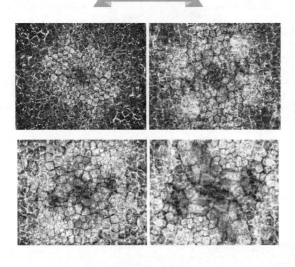

操作提示

本例主要介绍 After Effects 图层叠加模式的高级运用，通过本例的学习，读者可以掌握动态玻璃特效的制作方法。

制作步骤

步骤01 创建一个新合成，设置【持续时间】为10秒，并将其命名为"玻璃01"。

步骤02 执行【文件】→【导入】→【文件】菜单命令，导入本例的素材文件"玻璃01.psd"、"玻璃02.psd"、"玻璃03.psd"、"玻璃04.psd"和"玻璃05.psd"，然后将这些素材文件全部添加到【玻璃01】合成的时间轴上，如图A-8所示。

步骤03 修改【玻璃01】、【玻璃02】、【玻璃03】和【玻璃04】图层的叠加方式为【相乘】，如图A-9所示。

图A-8　导入素材文件

图A-9　修改叠加方式

步骤04 在第0帧处，设置【玻璃01】图层的【缩放】为（100，100%），【旋转】为0x+50°；在第9秒24帧处，设置【玻璃01】图层的【缩放】为（225，225%），【旋转】为0x-50°，如图A-10所示。

图A-10 设置图层属性1

步骤05 在第0帧处，设置【玻璃02】图层的【缩放】为（100，100%），【旋转】为0x-40°；在第9秒24帧处，设置【玻璃02】图层的【缩放】为（200，200%），【旋转】为0x+40°，如图A-11所示。

图A-11 设置图层属性2

步骤06 在第0帧处，设置【玻璃03】图层的【缩放】为（100，100%），【旋转】为0x+30°；在第9秒24帧处，设置【玻璃03】图层的【缩放】为（175，175%），【旋转】为0x-30°，如图A-12所示。

图A-12 设置图层属性3

步骤07 在第0帧处，设置【玻璃04】图层的【缩放】为（100，100%），【旋转】为0x-20°；在第9秒24帧处，设置【玻璃04】图层的【缩放】为（150，150%），【旋转】为0x+20°，如图A-13所示。

图A-13 设置图层属性4

步骤08 在第0帧处，设置【玻璃05】图层的【缩放】为（100，100%），【旋转】为0x+10°；在第9秒24帧处，设置【玻璃05】图层的【缩放】为（125，125%），【旋转】为0x-10°，如图A-14所示。

图A-14 设置图层属性5

步骤09 执行【合成】→【新建合成】菜单命令，新建一个预设为"PAL D1/DV"的合成，设置【持续时间】为10秒，并将其命名为【玻璃02】，如图A-15所示。

步骤10 将【项目】面板中的【玻璃01】合成添加到【玻璃02】合成的时间轴上，旋转【玻璃01】图层，连续按【Ctrl+D】快捷键3次复制图层，然后将复制得到的3个图层的图层叠加模式修改为【差值】，如图A-16所示。

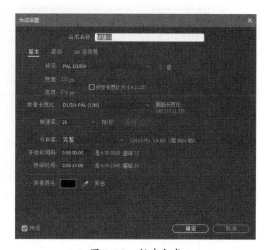

图A-15 新建合成

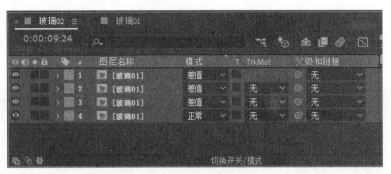

图 A-16　设置合成

步骤11　对上一步中复制得到的3个图层设置【缩放】属性的关键帧动画，在第0帧处设置第1个图层的【缩放】为（140，140%），在第9秒24帧处设置第1个图层的【缩放】为（200，200%），如图A-17所示。

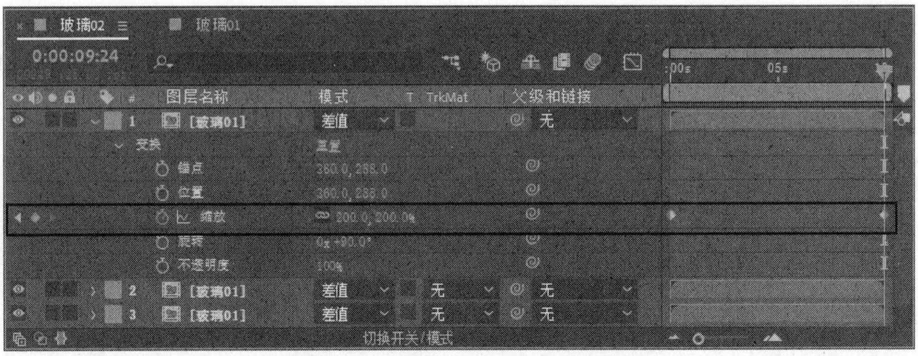

图 A-17　设置第1个图层的属性

步骤12　在第0帧处，设置第2个图层的【缩放】为（140，140%），在第9秒24帧处，设置第2个图层的【缩放】为（300，300%），如图A-18所示。

图 A-18　设置第2个图层的属性

步骤13　在第0帧处设置第3个图层的【缩放】为（100，100%），在第9秒24帧处设置第3个图层的【缩放】为（400，400%），如图A-19所示。

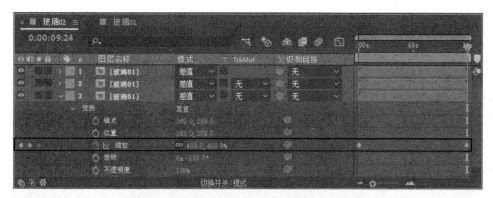

图A-19 设置第3个图层的属性

步骤14 按【Ctrl+Y】快捷键，创建一个与合成大小一致的纯色图层，颜色为蓝色（RGB为75、120、180），然后设置该图层的叠加模式为亮光，如图A-20所示。

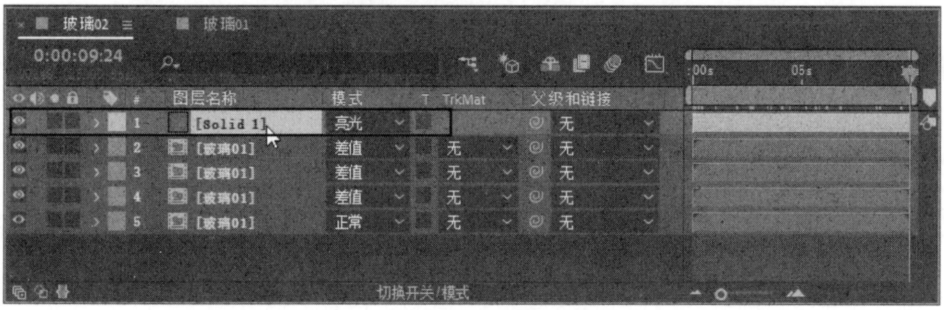

图A-20 设置图层模式

步骤15 创建一个预设为"PAL D1/DV"的合成，设置【持续时间】为10秒，并将其命名为【玻璃03】，如图A-21所示。

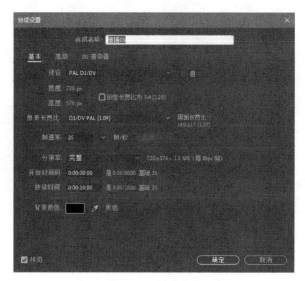

图A-21 创建合成

步骤16　将【项目】面板中的【玻璃02】合成添加到【玻璃03】合成的时间轴上，选择【玻璃02】图层，按【Ctrl+D】快捷键复制一个新图层，然后修改第1个图层的【旋转】为0x+180°，接着修改其图层的叠加模式为【相加】，如图A-22所示。

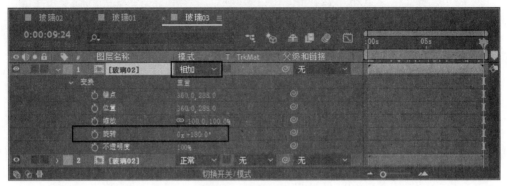

图A-22　设置图层模式

步骤17　此时，按数字小键盘上的【0】键，即可预览最终效果。

实训三：制作手写字动画效果

素材文件	上机实训\素材文件\手写字动画\手写字动画素材.aep
结果文件	上机实训\结果文件\手写字动画\手写字动画效果.aep

效果展示

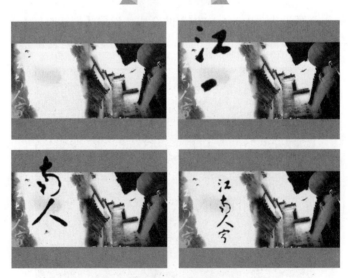

操作提示

在制作手写字动画效果的实例操作中，主要使用画笔工具的技巧。

制作步骤

步骤01 执行【文件】→【打开项目】菜单命令，然后在素材文件夹中选择"手写字动画素材.aep"，接着双击【文字】合成文件加载到【时间轴】面板中，如图A-23所示。

步骤02 双击【Text Paint】图层，打开其【图层】面板，然后在【工具】面板中选择画笔工具，接着在【绘画】面板中设置【持续时间】为【写入】，前景色为白色，如图A-24所示。

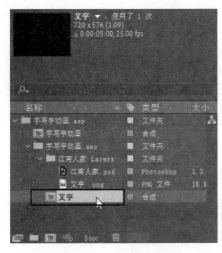

图A-23 加载合成文件   图A-24 【绘画】面板

步骤03 使用画笔工具按照汉字的笔画顺序，将"江南人家"勾勒出来，如图A-25所示。

图A-25 勾勒文字

步骤04 展开【Text Paint】图层的【绘画】选项组，然后选择所有【画笔】选项组，设置【结束】属性关键帧动画，在第0帧处设置【结束】为0%，在第6帧处设置【结束】为100%，如图A-26所示。

图A-26　设置【画笔】选项组

步骤05　将【画笔】属性以6帧为单位，依次向后拉开间距，如图A-27所示。

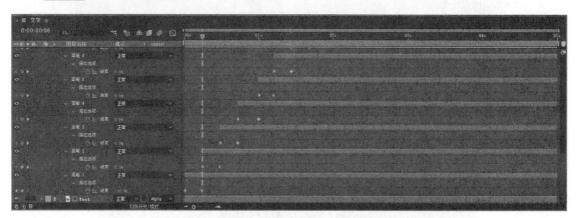

图A-27　设置【画笔】属性

步骤06　选择【Text】图层，设置【轨道遮罩】模式为Alpha，如图A-28所示。

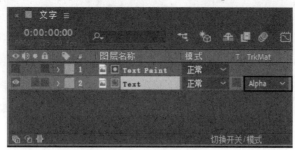

图A-28　设置【轨道遮罩】模式

步骤07　在【项目】面板中，双击【手写字动画】加载合成，然后按数字小键盘上的【0】键即可预览最终效果。

实训四：制作空间幻影效果

素材文件	上机实训\素材文件\空间幻影\空间幻影素材.aep
结果文件	上机实训\结果文件\空间幻影\空间幻影效果.aep

效果展示

操作提示

在制作空间幻影效果的操作中，主要应用了快速模糊效果，并设置其相关参数。

制作步骤

步骤01 打开本例的项目文件"空间幻影素材.aep"，接着双击【空间幻影】合成文件，将其加载到时间轴中。

步骤02 选择图层【空间幻影】，然后执行【效果】→【模糊和锐化】→【快速模糊】菜单命令。在【时间轴】面板中，展开【效果】→【快速模糊】选项组，然后设置【模糊度】的动画关键帧，如图A-29所示。在第0帧处，设置【模糊度】为2；在第12帧处，设置【模糊度】为15；在第1秒12帧处，设置【模糊度】为15；在第2秒处，设置【模糊度】为2。

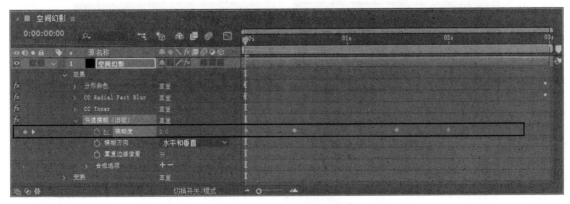

图A-29 设置【模糊度】

步骤03 设置【模糊方向】为【水平】，【重复边缘像素】为【开】，如图A-30所示。

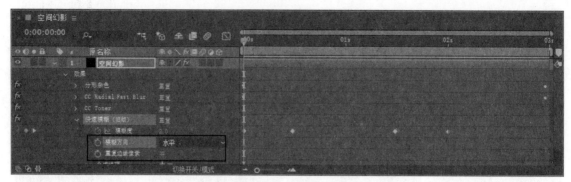

图 A-30 设置其他参数

步骤04 按数字小键盘上的【0】键，即可预览最终效果。

实训五：制作金属质感画面效果

素材文件	上机实训\素材文件\金属质感\金属质感素材.aep
结果文件	上机实训\结果文件\金属质感\金属质感效果.aep

效果展示

操作提示

在制作金属质感画面的实例操作中，主要运用了曲线效果和照片滤镜效果来制作金属质感的效果。

制作步骤

步骤01 打开本例的项目文件"金属质感素材.aep"，接着双击【金属质感】合成文件，将其加载到【时间轴】面板中，如图 A-31 所示。

步骤02 在【时间轴】面板中选择BG图层，执行【效果】→【颜色校正】→【三色调】菜单命令，然后在【效果控件】面板中，设置【中间调】的颜色，如图A-32所示。

图A-31 加载合成文件

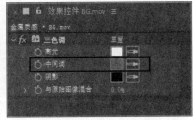

图A-32 设置【中间调】颜色

步骤03 选择【镜头光晕】图层，执行【效果】→【颜色校正】→【色调】菜单命令，在【效果控件】面板中设置镜头光晕的效果，如图A-33所示。接着执行【效果】→【颜色校正】→【曲线】菜单命令，然后在【效果控件】面板中分别调整RGB、红色、蓝色通道中的曲线，如图A-34所示。

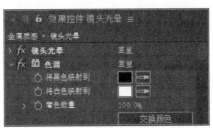

图A-33 设置镜头光晕的色调

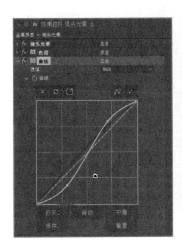
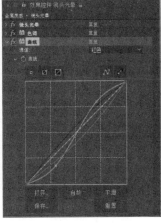

图A-34 设置曲线效果

步骤04 选择【Link One】图层，执行【效果】→【颜色校正】→【曲线】菜单命令，然后在【效果控件】面板中调整RGB通道的曲线，如图A-35所示。

步骤05 选择【Link One】图层，执行【效果】→【颜色校正】→【照片滤镜】菜单命令，然后在【效果控件】面板中，设置【滤镜】为深黄，设置【密度】值为100%，如图A-36所示。

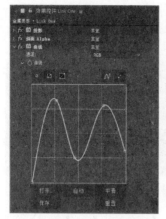

图A-35　调整RGB通道的曲线　　图A-36　设置"照片滤镜"效果

步骤06 按数字小键盘上的【0】键，即可预览最终效果。

2020
After Effects

附录B

知识与能力总复习题（卷1）

（全卷：100分　　答题时间：120分钟）

得分	评卷人

一、选择题（每题2分，共23小题，共计46分）

1．PAL制式影片的帧速率是（　　　）。

   A．24 pbs　　　　　　　　　　　B．25 pbs

   C．29.97 pbs　　　　　　　　　　D．30 pbs

2．（　　　）是指X轴向和Y轴向构成的平面视图。

   A．一维　　　　　　　　　　　　B．二维

   C．三维　　　　　　　　　　　　D．四维

3．三维是在二维基础上增加（　　　）轴向，形成X、Y、Z的三维空间。

   A．X　　　　　　　　　　　　　B．Y

   C．I　　　　　　　　　　　　　D．Z

4．RGB模式是由红、绿、蓝三原色组成的（　　　）。

   A．RGB模式　　　　　　　　　B．CMYK模式

   C．色彩模式　　　　　　　　　　D．HSB模式

5．在影片合成时，通过对这些图层应用不同的（　　　），使它们对其他图层产生相应的叠加，于是形成了千变万化的影像特效。

   A．叠加模式　　　　　　　　　　B．混合模式

   C．图层模式　　　　　　　　　　D．色调模式

6．（　　　）特效菜单中提供了大量的对图像颜色信息进行调整的方法，包括自动颜色、色阶、亮度与对比度、色彩平衡、曲线、色相位/饱和度等特效。

   A．【色彩校正】　　　　　　　　B．【杂色和颗粒】

   C．【模糊和锐化】　　　　　　　D．【风格化】

7．视频编辑中，最小单位是（　　　）。

   A．小时　　　　　B．分钟　　　　　C．秒　　　　　D．帧

8．对于视频制式的使用，下列描述哪个是不正确的？（　　　）

   A．美国采用NTFS制式　　　　　B．日本采用PAL制式

   C．欧洲采用NTFS制式　　　　　D．中国采用PAL制式

9．在After Effects中，哪些类型的关键帧具备空间插值和时间插值两种属性？（　　　）

   A．空间层属性关键帧

   B．时间层属性关键帧

   C．任何类型的关键帧都具备空间插值和时间插值两种属性

   D．空间层属性关键帧只具备空间插值属性，时间层属性关键帧只具备时间插值属性

10. After Effects 中同时能有几个项目工程处于开启状态？（　　　）

    A. 有 2 个

    B. 只能有 1 个

    C. 可以自己设定

    D. 只要有足够的空间，不限定项目开启的数

11. 下列关于视频信号制式哪些说法是正确的？（　　　）

    A. 日本、韩国及东南亚地区使用 SECAM 制式

    B. 美国等欧美国家使用 SECAM 制式

    C. 俄罗斯使用 NTSC 制式

    D. 中国大部分地区使用 PAL 制式

12. 如果要连续向 After Effects 中导入多个素材，应该选择下列哪个命令？（　　　）

    A. 导入/文件夹　　　　　　　　　　B. 在【项目】面板中双击

    C. 导入/多个文件　　　　　　　　　D. 导入/文件

13. 按大写锁定键后，（　　　）。

    A. 素材更新，其他不变

    B. 层更新，其他不变

    C. 层和合成图像窗口更新，其他不变

    D. 所有素材、层、合成图像窗口都停止更新

14. 为特效的效果点设置动画后，下列哪个面板能够对运动路径进行编辑？（　　　）

    A. 合成　　　　　　　　　　　　　B. 层

    C. 时间轴　　　　　　　　　　　　D. 效果控制

15. 在键盘上右侧的数字小键盘中按图层对应的数字即可（　　　）相应的图层。

    A. 删除　　　　　　　　　　　　　B. 选择

    C. 复制　　　　　　　　　　　　　D. 打开

16. 调整图层的主要目的是，通过为调整图层添加效果，使调整图层下方的所有图层共同享有添加的效果，因此常使用（　　　）来调整作品整体的色彩效果。

    A. 文字图层　　　　　　　　　　　B. 纯色图层

    C. 形状图层　　　　　　　　　　　D. 调整图层

17. 使用（　　　）可以绘制出圆角矩形和圆角正方形，也可以为图层绘制遮罩。

    A.【蒙版工具】　　　　　　　　　　B.【钢笔工具】

    C.【星形工具】　　　　　　　　　　D.【圆角矩形工具】

18. 在（　　　）面板中可以设置文本的对齐方式和缩进大小。

    A.【段落】　　　　B.【字符】　　　　C.【字体系列】　　　D.【字体样式】

19. 动画是基于（　　）的变化，如果层的某个动画属性在不同时间产生不同的参数变化，并且被正确地记录下来，那么可以称这个动画为"关键帧动画"。

    A．空间　　　　　　　　B．位置　　　　　　　　C．时间　　　　　　　　D．大小

20.（　　）滤镜可以在图像上创建一个四色渐变效果，用来模拟霓虹灯、流光溢彩等效果。

    A．【模拟】　　　　　　　　　　　　　B．【渐变】

    C．【流光】　　　　　　　　　　　　　D．【四色渐变】

21.（　　）效果可以在 Lab、YUV 和 RGB 任意一个颜色空间中通过指定的颜色范围来设置抠出颜色。

    A．颜色键　　　　　　　　　　　　　B．颜色范围

    C．差值遮罩　　　　　　　　　　　　D．内部/外部键

22. 在默认状态下，在合成影像中是不会产生（　　）的，所有的层都可以完成显示，即使是 3D 层也不会产生阴影、反射等效果。

    A．灯光层　　　　　　　　　　　　　B．文字层

    C．摄像机层　　　　　　　　　　　　D．图层

23. 影片的渲染是构成影片的每个（　　）的逐帧渲染。

    A．帧　　　　　　　　　　　　　　　B．时间

    C．秒　　　　　　　　　　　　　　　D．关键帧

得分	评卷人

二、填空题（每空 1 分，共 14 小题，共计 24 分）

1. ＿＿＿＿＿相对于隔行扫描是一种先进的扫描方式，它是指显示屏显示图像进行扫描时，从屏幕左上角的第一行开始逐行进行，整个图像扫描一次完成。

2. ＿＿＿＿＿就是每一帧被分割为两场，每一场包含了一帧中所有的奇数扫描行或者偶数扫描行，通常是先扫描奇数行得到第一场，然后扫描偶数行得到第二场。

3. 分辨率可以从＿＿＿＿＿与＿＿＿＿＿两个方向来分类。

4. ＿＿＿＿＿面板是视频效果的预览区，在进行视频项目的安排时，它是最重要的面板，在该面板中可以预览到编辑时的每一帧效果。

5. 在＿＿＿＿＿面板中可以看到完成导入的所有素材，包括文件夹、合成文件及视频文件等。

6. 目前视频流传输中较为重要的编码标准有国际电联的＿＿＿＿＿、＿＿＿＿＿。

7. 三维空间工作需要一个坐标系，After Effects 提供了 3 种坐标系工作方式，分别是本地轴模式、＿＿＿＿＿和＿＿＿＿＿。

8. 色相/饱和度效果是基于＿＿＿＿＿模式，因此使用色相/饱和度效果可以调整图像的色调、亮度和饱和度。具体来说，使用色相/饱和度效果可以调整图像中单个颜色成分的色相、饱和度和亮度，是一个功能非常强大的＿＿＿＿＿工具。

9. 入点和出点参数面板不但可以方便地控制层的入点和出点信息，而且隐藏了一些快捷功能，通过它们同样可以改变素材片段的_____和_____。

10. 创建一个文字图层以后，使用动画制作工具功能可以方便快速地创建出复杂的动画效果，一个_____组中可以包含一个或多个动画选择器及动画属性。

11. 变亮模式包括相加模式、_____模式、_____模式、线性减淡模式、颜色减淡模式、经典颜色减淡模式和_____模式7个混合模式。

12. 在【项目】面板中，素材文件的类型有_____、图片素材、_____、视频素材等，为了便于对合成素材的管理，可将其进行归类整理操作。

13. 通常显示器分_____和_____两种扫描方式。

14. 渲染通常指最终的_____过程。其实，创建在【素材】、【图层】和【合成】面板中显示预览的过程也属于_____，但这些并不是最终渲染，真正的渲染是最终需要输出为一个用户需要的文件格式。

得分	评卷人

三、判断题（每题1分，共14小题，共计14分）

1. NTSC彩色电视制式：它是1952年由加拿大国家电视标准委员会指定的彩色电视广播标准，它采用正交平衡调幅的技术方式，故也称为正交平衡调幅制。 （ ）

2. PAL制式：它是西德在1962年指定的彩色电视广播标准，它采用逐行倒相正交平衡调幅的技术方法，克服了NTSC制相位敏感造成色彩失真的缺点。 （ ）

3. SECAM制式：SECAM是法文的缩写，意为顺序传送彩色信号与存储恢复彩色信号制，是由法国在1956年提出，1966年制定的一种新的彩色电视制式。 （ ）

4. SECAM制式克服了PAL制式相位失真的缺点，但采用时间分隔法来传送两个色差信号。使用SECAM制的国家主要集中在法国、东欧和中东一带。 （ ）

5. 遮罩实际是一个路径或者轮廓图，用于修改图层的Alpha通道。 （ ）

6. 遮罩可以通过调整透明度或羽化效果，来与背景影像融合，以达到完美的画面效果。 （ ）

7. 遮罩可以丰富画面元素、增加画面层次，在影像合成中是不可或缺的合成技巧之一。

（ ）

8. 3D文字飞入特效是常在电视片头及电影字幕里出现的特效之一，其动感十足、空间感强烈，是很多后期特效师的最爱。 （ ）

9. Photoshop（简称PS）是最流行、最常用、最方便的图像处理软件，在影视后期中的应用几乎不可或缺。After Effects俗称"会动的PS"，足以证明它们之间的紧密联系。 （ ）

10. 色彩校正滤镜特效通过对图像中的像素及色彩进行替换和修改等处理，可以模拟各种画派的风格，创作出丰富而真实的艺术效果。 （ ）

11．中国国内市场上买到的正式进口的 DV 产品都是 NTSC 制式。（　　）

12．各国的视频信号制式不尽相同，制式的区分主要在于其帧频（场频）的不同、分解率的不同、信号带宽及载频的不同、色彩空间的转换关系不同等。（　　）

13．视频制作所使用的素材，都要先导入【项目】面板中，在此面板中还可以对素材进行预览。

（　　）

14．时间轴是工作界面的核心部分，在 After Effects 中，动画设置基本都是在【时间轴】面板中完成的。拖曳时间线滑块可以预览动画，同时可以对动画进行设置和编辑操作。（　　）

得分	评卷人

四、简答题（每题 8 分，共 2 小题，共计 16 分）

1．使用哪两种方法可以设置图层时间？

2．灯光图层主要用于哪里？如何创建灯光图层？